现代农业实用技术丛书

湖羊生态养殖技术

杭州市临安区科学技术协会
杭州市临安区林业局（农业局） 组织编写

浙江科学技术出版社

图书在版编目(CIP)数据

湖羊生态养殖技术/杭州市临安区科学技术协会,杭州市临安区林业局(农业局)组织编写. —杭州:浙江科学技术出版社,2018.5

(现代农业实用技术丛书)

ISBN 978-7-5341-8203-7

Ⅰ.①湖… Ⅱ.①杭…②杭… Ⅲ.①绵羊—生态养殖 Ⅳ.①S826

中国版本图书馆 CIP 数据核字(2018)第 084868 号

丛 书 名	现代农业实用技术丛书
书 名	湖羊生态养殖技术
组织编写	杭州市临安区科学技术协会 杭州市临安区林业局(农业局)
出版发行	浙江科学技术出版社 杭州市体育场路 347 号　邮政编码:310006 办公室电话:0571-85176593 销售部电话:0571-85176040 网　　址:www.zkpress.com E-mail:zkpress@zkpress.com
排　　版	杭州大漠照排印刷有限公司
印　　刷	浙江新华印刷技术有限公司
开　　本	880×1230　1/32　　印 张　2
字　　数	47 000　　插 页　2
版　　次	2018 年 5 月第 1 版　　印 次　2018 年 5 月第 1 次印刷
书　　号	ISBN 978-7-5341-8203-7　定 价　10.00 元

版权所有　翻印必究

(图书出现倒装、缺页等印装质量问题,本社销售部负责调换)

责任编辑 张祝娟　　**文字编辑** 王季丰　　**责任校对** 顾旻波
责任美编 金　晖　　**责任印务** 崔文红

"现代农业实用技术丛书"编委会

顾　　问	吴春法　王　翔　楼秀华
主　　任	胡尚新　周　军
副 主 任	詹寿明　金海燕
执行编委	鲍宇君　姚海峰
编　　委	（按姓氏笔画排序）

丁　兰　王　方　王世福　毛伟强
仇智灵　吕　萍　孙春光　何钧潮
沈佳栾　张　青　张有珍　张来明
张慧琴　陈思思　陈康民　邵泱峰
邵香君　罗学明　周　斌　周菊敏
俞　俊　顾建强　钱定海　鲁燕君

《湖羊生态养殖技术》编写人员

主　　编	钱定海
副 主 编	罗学明　沈佳栾
编写人员	（按姓氏笔画排序）

王一平　汪柏青　沈佳栾　陈月琴
邵伟民　罗学明　钱定海　徐　健
黄炳荣　程妙坤　鲍永芳

前　言

2017年9月15日，临安正式撤市设区，原临安市的行政区域变为杭州市临安区的行政区域。临安区总面积3 126.8平方千米，地处浙江省西北部、中亚热带季风气候区南缘。近年来，当地政府高度重视农业和农村工作，始终把解决好"三农"问题作为工作的重中之重，推进乡村经济、乡村社会、乡村人居环境全面提升，推广标准生产技术，大力发展高效生态农业，形成了山核桃、竹笋、粮油、香榧、水果、畜牧等主导和特色产业。同时，注重做优特色农业，扎实推进山核桃"亮牌"行动和竹产业可持续发展计划，联动做好农村电商发展等工作。

2018年是贯彻党的十九大精神的开局之年，实施"十三五"规划承上启下的关键一年。为了使广大的农民群众掌握最新的农业实用技术，同时也为农村培养一批高素质的实用技术人才，使临安农业整体更上一个新台阶，全民科学素质有进一步的提高，杭州市临安区科学技术协会联合杭州市临安区林业局（农业局）编写了本套丛书。本套丛书共分六册，包括《彩叶地被植物》《湖羊生态养殖技术》《迷你小番薯栽培技术》《农产品质量安全与农村电子商务》《食用竹笋可持续栽培经营技术》《山区桃优新品种与栽培技术》。本套丛书由长期工作在农林生产第一线，具有丰富实践经验与理论积累的科技工作者编写，内容实用，文字通俗易懂，科普性强。

湖羊是浙江省的特色优势产业，也是临安区实施畜牧业转型升级的重要突破口。临安区笋壳、稻草、玉米秸秆等农作物副产物资源丰富，适合发展湖羊产业，而且随着人们膳食结构的不断优化，羊肉消费需求也日益提高，因而在临安发展湖羊产业不仅可以合理调整农业产业结构，发展绿色畜牧业，还可以促进农民持续增收。

本书主要介绍了湖羊的种群特性、引种技术、生态羊场的建造、饲草料的综合利用、饲养管理及疾病预防等内容。

希望本套丛书的出版可以为广大农民朋友和基层农技人员提供帮助,推动"科普惠农兴村"计划的实施,促进农村科技知识的传播,推进"美丽幸福新临安"建设。

"现代农业实用技术丛书"编委会
2018 年 2 月

目　录

一、湖羊的种群特性与生物学特点

（一）湖羊的种群特性 …………………………………… 1

（二）湖羊的生物学特点 ………………………………… 2

二、湖羊的引种技术

（一）引种意义 …………………………………………… 4

（二）引种时间 …………………………………………… 4

（三）引种地点 …………………………………………… 4

（四）引种数量 …………………………………………… 5

（五）引种要求 …………………………………………… 5

三、羊场的规划设计
（一）确定适宜的养殖规模与养殖方式 …………………… 6
（二）场址的选择与羊舍建造 …………………………… 6

四、湖羊养殖常用的饲草料资源
（一）常用草料品种 ………………………………………… 12
（二）青贮饲料的调制技术 ………………………………… 22

五、湖羊的营养需求与日粮配制
（一）日粮配制原则及示例 ………………………………… 28
（二）湖羊全混合日粮加工技术 …………………………… 32

六、湖羊的饲养管理
（一）分娩及哺乳母羊的饲养管理 ………………………… 40
（二）肥羔羊生产技术 ……………………………………… 42
（三）肥育成羊的饲养管理 ………………………………… 45

七、杜泊羊和湖羊杂交技术
（一）杜泊羊简介 …………………………………………… 49
（二）湖羊与杜泊羊杂交的肉用性状比较 ………………… 51

八、湖羊的疾病预防

（一）合理布局，确保羊场环境整洁 ··· 52

（二）优化日粮营养，提高湖羊体质 ··· 53

（三）执行严格的检疫制度 ··· 53

（四）有计划地进行免疫接种 ··· 53

（五）定期驱虫 ··· 53

（六）勤巡视，仔细观察羊群 ·· 54

参考文献 ·· 55

一、湖羊的种群特性与生物学特点

（一）湖羊的种群特性

湖羊是太湖平原重要的家畜之一，是我国一级保护地方畜禽品种。湖羊为稀有白色羔皮羊品种，具有早熟、四季发情、一年二胎、每胎多羔、泌乳性能好、生长发育快、改良后有理想产肉性能、耐高温、耐高湿等优良性状，分布于我国太湖地区，终年舍饲（如图1所示）。湖羊也是世界著名的多胎绵羊品种，在2000年和2006年先后两次被农业部列入《国家畜禽遗传资源保护目录》。

湖羊体型中等，公羊、母羊均无角，头狭长，鼻梁隆起，多数耳大下垂，颈细长，体躯狭长，背腰平直，腹微下垂，尾扁圆，尾尖上翘，四肢偏细而高。被毛全白，腹毛粗、稀而短，体质结实。湖羊种公羊如图2所示。

图1 湖羊舍饲

图2 湖羊种公羊

湖羊具有较好的经济性状,所产小湖羊皮毛色洁白、花纹奇特,素有"软宝石"之称;成年湖羊皮轻、软、暖、美,是制革的好原料。湖羊肉质鲜美、营养丰富,湖羊毛品质优于其他绵羊,均匀度好,绒毛比例高,是棉纺、地毯工业的好原料。羊粪是改良土壤的优质有机肥料。

近年来随着浙江省畜牧业转型升级不断深入,湖羊作为浙江省的特色优势产业,已被列入重点扶持产业。

(二)湖羊的生物学特点

1. 成年湖羊消化系统特点

湖羊与其他绵羊品种一样,也属于反刍动物。其消化系统的特点如下:①没有上切齿和犬齿,采食时主要依赖上齿垫和下切齿、唇和舌头。②湖羊有4个胃,即瘤胃、网胃、瓣胃和皱胃,成年羊胃容积约为30升左右,其中瘤胃体积最大,瘤胃中有大量能够分解消化食物的微生物,构成一个有多种微生物的厌氧系统。网胃为球形,容积约为8升,网胃中也具有广泛的微生物活动。瓣胃容积约为1.7升,能对食物进行机械压榨作用。瘤胃、网胃和瓣胃这前三个胃称为前胃,胃壁黏膜无胃腺,犹如单胃的无腺区。皱胃又称真胃,容积约为10升,由胃壁的胃腺分泌胃液,主要是盐酸和胃蛋白酶,对食物进行化学性消化。③反刍机能。湖羊羔羊在哺乳期,早期补饲易消化的饲料,能刺激前胃的发育,可提早出现反刍行为。湖羊在短时间内采食大量草料后,一般在30~60分钟后便开始反刍,包括逆呕、再咀嚼、再混合唾液和再吞咽四个过程。反刍时,食团逆出后的再咀嚼很有规律,咀嚼速度为每分钟83~99次。湖羊一日内反刍8~15次,白天或夜间都有反刍,相隔时间受饲料品质和气候状况影响,总反刍时间约8小时。④小肠是湖羊消化吸收营养物质的主要器官,产生蛋白酶、脂肪酶及转糖酶等。湖羊的小肠特别长,成羊的小肠长达20米以上,是体长的20余倍,可见湖羊的消化吸收能力较强。

2. 羔羊的消化吸收特点

（1）初生时期的羔羊，前胃的作用很小，此时瘤胃微生物的区系尚未形成，没有消化粗纤维的能力，不能采食和利用草料。

（2）对淀粉的耐受量很低，小肠消化淀粉的能力是有限的。

（3）起主要消化作用的是皱胃，羔羊所吮母乳顺食道沟进入皱胃，由皱胃所分泌的凝乳酶进行消化。

（4）羔羊随日龄增长和采食植物性饲料的增加，前胃的体积逐渐增加，在40日龄左右开始出现反刍活动；此后皱胃凝乳酶的分泌逐渐减少，其他消化酶分泌逐渐增多，对草料的消化分解能力开始加强，瘤胃的发育及其机能才逐渐完善。

3. 成年湖羊对饲草饲料的利用特点

（1）瘤胃微生物发酵产生甲烷和氢，其所含的能量被浪费掉，微生物的生长繁殖也要消耗一部分能量，所以，湖羊等反刍家畜的饲料转化效率一般低于单胃家畜。

（2）成年湖羊的4个胃都已发育完整，瘤胃消化是为湖羊提供各种营养需要的主要环节。由于瘤胃微生物具有分解粗纤维的功能，所以成年湖羊可以有效地利用各种粗饲料，而且湖羊的饲料组成中也不能缺乏粗饲料。

（3）由于瘤胃微生物可将非蛋白氮合成为菌体蛋白质，所以饲料中一般不需要考虑必需氨基酸的用量，而且可以利用尿素等非蛋白氮直接生产高品质的菌体蛋白质。

（4）由于瘤胃微生物具有合成B族维生素和维生素K的能力，因此在湖羊的日粮配制中，一般不需要考虑添加这些维生素。

二、湖羊的引种技术

(一) 引种意义

品种是湖羊养殖生产可持续发展的重要保证,优良的种公羊和母羊对于提高羊群整体质量、增加产羔数量起到非常重要的作用。多年的引种实践证明,引种首先要制订引种计划,考虑生产实际需要、配套资金及饲草料、供种单位的信誉等诸多方面。

(二) 引种时间

结合南方的消费特点及饲草资源情况,一般选择 3~5 月或者 10~12 月引种较为适宜。尽量避免夏季引种,如确需高温季节引种,则应选择凉爽的早晚运输,避免羊只中暑。选择销售淡季引种可以适当降低引种费用。

(三) 引种地点

引种前向当地动物卫生监督部门了解预引种地的动物疫情状况,到非疫区的正规种羊场引种,并核对其种羊免疫流程及记录,避免带入口蹄疫、小反刍兽疫等疫情;同时还要了解引种地饲养方式与饲养条件,以提高所引种羊的适应性,减少应急状况,降低引种风险。

(四) 引种数量

引种的数量及公、母比例要考虑养殖场地容纳量,种羊更新比例,自身的资金能力与发展规模而定,切不可盲目扩大引种。

(五) 引种要求

引入的种羊个体及年龄不能太小,母羊一般以6月龄至周岁左右为宜,公羊一般在周岁左右比较适合,引种时应检查其精液质量。具体引种过程中种羊的选择一是要选择产羔率高,一胎产双羔或以上的羊或后代留作种用;二是选择体型大而丰满,四肢健壮的羊进行引种。

三、羊场的规划设计

（一）确定适宜的养殖规模与养殖方式

1. 适宜的养殖规模

养殖规模要考虑三个因素：一是自己所能筹措的资金，尽量避免出现超过自己承受能力的债务；二是考虑所审批的用地数量，防止设施建设超出用地审批的红线范围；三是饲料资源的利用上，尽量考虑利用本地农作物秸秆，以降低养殖成本，一般来说，1只成年羊年需要饲草料约2 000千克。

2. 因地制宜的养殖模式

一是按照畜牧业绿色发展要求，采用种养结合的生态循环养殖模式，如羊—水果（茶叶）—羊、羊—水稻—羊等；二是根据湖羊特性，采用离地高床圈养模式。

（二）场址的选择与羊舍建造

1. 场址选择

临安地处浙江省西北部、中亚热带季风气候区南缘，属季风型气候，温暖湿润，光照充足，雨量充沛，四季分明，但也会出现台风、寒潮和冰雹等灾害性天气，故羊场选址应考虑防热、防湿、防风，一般羊舍应建在背风、向阳、水源充足的地方。

2. 羊舍建造技术要求

(1) 结构。规模养殖一般采用砖混或者钢架结构,根据场地现状和经济状况而定,主要以提高土地利用率为目的。根据南方温暖湿热的环境特点,羊舍一般采用离地高床养殖(如图3所示)。

图3 离地高床养殖

(2) 相应技术参数。①砖混结构(如图4所示)。双列式羊舍(如图5所示)长度因场地而定,宽为8.0~10.0米,过道宽度不少于1.5米,以确保发料车能进入,羊圈一般为长4米,宽3米,檐口高度3.8米,屋顶坡度为35度,门高1.8~2.0米。实行两侧开窗(窗户面积一

图4 砖混结构

图5 双列式羊舍

般为羊舍面积的 1/15)。羊舍间距一般不少于 6 米。地面至地板间距为 1～1.2 米,以便羊粪清理。②钢架结构。长度与宽度根据场地而定,但要充分考虑安全系数,羊圈内饲喂通道宽度 1.5 米以上,以便发料车进入,檐口高度 5.0 米,便于通风。③饲养密度。每头公羊需要 1.2～2.0 平方米栏舍面积,空怀母羊需要 0.8～1.0 平方米栏舍面积,妊娠或哺乳母羊需要 2.0～2.3 平方米栏舍面积,其他羊只需要 0.6～0.8 平方米栏舍面积,每个羊圈以 10～12 平方米为宜。

(3) 地板。地板一般可采用木质地板(如图 6 所示)、竹制地板(如图 7 所示)、钢丝地板(如图 8 所示)和塑胶地板(如图 9 所示)等,厚度为 2～3 厘米,漏缝为 1～1.5 厘米(以羊粪能掉下而羊脚不会被夹为宜)。

图 6　木质地板

图 7　竹制地板

图 8　钢丝地板

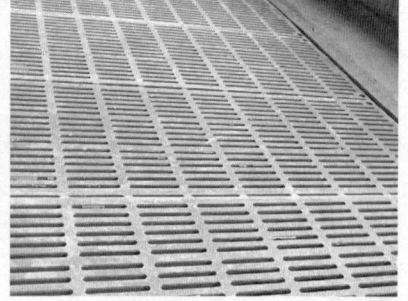

图 9　塑胶地板

(4) 食槽。食槽可采用料槽式或着地式,以便于机械发料、羊只采食舒适和卫生清理方便为前提。

（5）饮水设备。饮水设备一般采用鸭嘴式（如图10所示）、杯式（如图11所示）和平衡式自动饮水器，主要考虑羊只饮水方便和羊场节水要求。从环保角度考虑，目前常用的是杯式饮水器。

图10　鸭嘴式饮水器　　　　图11　杯式饮水器

（6）清粪方式。一般采用人工清粪与刮粪机自动清粪（如图12所示）两种方式，无论哪一种方式均要求在地面加设过滤网，以便尿液、污水与羊粪分理，保证羊粪的干燥。人工清粪投资省但劳动力成本高，刮粪机自动清粪投资成本略高，但劳动力成本低。养殖者可根据养殖规模与投资情况进行选择。

图12　刮粪机自动清粪

3. 排泄物资源化利用处理设施

（1）污水沟。羊场污水沟（如图13所示）可以采用水泥沟渠或者塑料管道,水泥沟渠必须加盖封闭,防止雨水进入,每隔适当距离预留一块活动盖板,以便适时清理淤积。每幢羊舍须设立窨井(两侧排污的设2只、中间排污的设1只)。各排污沟渠或管道统一将污水纳入污水沉淀池。青贮窖的污水必须也纳入管道接入污水沉淀池。

图13 羊场污水沟

(2)污水沉淀池。沉淀池内污水隔墙必须经钢筋加固,防止污水处理时产生的张力挤压影响设施安全,底部和侧挡墙必须达到水密性要求,防止污水渗漏。污水沉淀池必须建在羊场的污道出口处,以防止污水处理车进入场区。沉淀池容积按每只存栏羊0.1～0.15立方米计算,沉淀池顶部设排气口,周围设警示标志,防止安全事故发生。

(3)羊粪堆积房。羊粪堆积房大小、位置可根据羊场土地利用情况而定,以方便装运为宜。地面必须硬化,以封闭式为好,防止雨水进入,确保堆积房的干燥。为便于管理,羊粪一般装包后堆放(如图14所示)。

图14 羊粪装包堆放

(4) 羊粪加工。羊是反刍动物,但饮水较少,所以粪便干而细,排粪量也很少。羊粪是一种热性肥料,所含的养分比较丰富,既有容易分解可被作物吸收利用的有效养分,又有不易分解的迟效养分,是肥效快慢相结合的好肥料。羊粪中有机质的含量为24%～27%,氮素含量为0.7%～0.8%,磷素含量为0.45%～0.6%,钾素含量为0.3%～0.6%,羊尿中有机质的含量为5%,氮素含量为1.3%～1.4%,磷素含量极少,钾素很丰富,含量高达2.1%～2.3%。经处理加工的羊粪有机肥可以作为蔬菜、花卉、果树、粮棉油等各种作物的新型有机肥料。

羊粪有机肥初加工有自然堆积发酵和机械加工两种方法。其中机械加工法适用于规模养殖和机械化程度比较高的养殖企业。

四、湖羊养殖常用的饲草料资源

（一）常用草料品种

1. 常用青饲料资源

青饲料主要包括天然牧草、栽培牧草、田间杂草、菜叶类、水生植物、嫩枝树叶等。合理利用青绿饲料，可以节省成本，提高养殖效益。常用的青饲料有黑麦草、高丹草、茭白叶、玉米秸秆、甘薯蔓、芦笋茎叶、野青草等。

（1）黑麦草。黑麦草（如图15所示）属禾本科黑麦草属，多年生草本植物，耐寒性强，是规模湖羊场秋冬季青绿饲料的主要来源。目前主要品种有特高、邦德和俄勒冈黑麦草。

图15 黑麦草

栽培要点 黑麦草为秋播或春播优质牧草,一般在秋季播种;播种期在8~10月或晚稻收获后播种(即利用冬季农闲田),播种越早,刈割次数越多,则产量越高。播种方法可采用条播、穴播或散播,以条播最适宜,每亩播种量1.0~1.5千克。施足基肥,每亩可喷洒沼液5000千克左右促进高产。黑麦草喜氮肥,刈割后可用沼液或尿素作为主要追肥,再加磷肥、钾肥各1~2千克,可减少黑麦草倒伏。黑麦草9月上旬播种,10月下旬至11月上旬可首次刈割,一年可刈割3~5茬,亩产鲜草总量7000千克以上,供草期为11月至翌年的4月。黑麦草生长快、株高0.7米左右、产量高、适口性好,以开花前期的营养价值最高。但不同品种间的单位面积鲜草量、鲜草水分、粗蛋白等营养成分存在较大差异。

(2)高丹草。高丹草(如图16所示)属一年生暖季型禾本科牧草。是根据杂交优势原理,用高粱与苏丹草杂交而成的优质牧草品种。高丹草综合了高粱茎粗、叶宽和苏丹草分蘖力、再生力强的优点,杂交优势非常明显。

图16 高丹草

栽培要点 高丹草为春播牧草,播种期在清明至谷雨或土壤温度在15摄氏度以上。播种方法可用条播或穴播,每亩播种量1.5~2.0千克,播种密度或出苗后定植量为3～5万株/亩。在相对高些的定植量下长成的高丹草茎细、叶丰,营养价值高,因为草中的蛋白质主要在叶片中。播种深度3厘米,条播行距15～30厘米。每亩施有机肥5 000千克,施足基肥,产量高,并可减少刈割后的追肥施用量。出苗后35～45天或植株高度超过1米后进行第一次刈割,每隔20天左右(或株高1米以上)即可再行刈割。留茬高度10～15厘米(留2～3节)。每次刈割后都要进行追肥,每亩施尿素8～10千克、磷肥钾肥各1～2千克。高丹草一年能刈割4～6茬,亩产鲜草总量10 000千克以上,供草期为5～10月。

由于高丹草中含有一定量的氢氰酸,尤其是株高0.8米以下时较高;作为青绿饲料,一般在株高1.5米左右时刈割为好,对于湖羊来讲,日饲喂2～3千克的高丹草鲜草是比较适宜的,但也应现割现喂,避免堆压发热导致氢氰酸含量升高而徒增风险。

(3) 茭白叶。茭白叶是茭白收获后的副产物。鲜茭白叶干物质含量为12%～15%,茭白叶干物质中粗蛋白含量为14.3%,消化能约为10.5兆焦/千克,中性洗涤纤维含量为69%,酸性洗涤纤维含量为31%、可溶性碳水化合物含量为3.2%,粗灰分含量为8.1%,钙素含量为0.36%,磷素含量为0.27%,48小时瘤胃降解率为53%。干物质中粗蛋白含量接近于麸皮,以粗蛋白含量为指标,若与目前每吨花生藤1 000元、麸皮1 200元相比,每吨鲜茭白叶价值至少在200元以上。其性价比高于豆腐渣。

(4) 玉米秸秆。玉米秸秆是玉米收获后的副产物。玉米秸秆干物质中粗蛋白含量约为6.5%,消化能约为8.0兆焦/千克,钙素含量为0.3%,磷素含量为0.25%。鲜玉米秸秆中可溶性糖含量高,湖羊喜食,获养殖者高度认可。

①玉米秸秆应用于25千克体重生长湖羊:鲜玉米秸秆(或青贮料)2千克(或自由采食)、精料0.5千克(玉米43%、豆粕52%、预混料5%)。预期日增重200克以上。日饲料成本2.11元。②玉米秸秆应

用于妊娠前期母羊:鲜玉米秸秆(或青贮料)3千克(或自由采食)、精料0.3千克(玉米48%、豆粕42%、预混料10%)。日饲料成本1.79元。③玉米秸秆应用于妊娠后期及哺乳期母羊:鲜玉米秸秆(或青贮料)3千克(或自由采食)、精料0.65千克(玉米60%、豆粕33%、预混料7%)。日饲料成本2.73元。(每千克玉米秸秆青贮料、玉米、豆粕、预混料价格分别以0.3元、2.36元、3.5元、3.6元计。)

(5)甘薯蔓。浙江省的甘薯种植区域主要集中在丘陵山地,年种植面积为700平方千米左右。甘薯蔓为甘薯收获后的副产物。甘薯成熟时,地上部分以茎蔓为主,约占70%,叶占30%,每亩可收获甘薯蔓1 000~2 000千克。鲜甘薯蔓中的干物质含量约为22%,干物质中粗蛋白含量为9%,消化能约为9.0兆焦/千克,钙素含量为1.7%,磷素含量为0.1%。甘薯蔓湖羊喜食,由于湖羊对蔓中的丝状纤维消化率较低,因此,甘薯蔓在饲喂前应用铡草机切碎至1厘米左右,以免饲喂日久导致蔓中的丝状纤维在瘤胃中结球,危害湖羊健康。另外,未充分干燥的甘薯蔓在贮存过程中易感染黑斑病而发生霉烂,大量或长期饲喂霉烂的甘薯或甘薯蔓,易导致湖羊肺部损伤,严重影响湖羊健康。

(6)芦笋茎叶。芦笋茎叶是芦笋收获后的附产物。芦笋茎叶中的干物质含量为31%左右,干物质中粗蛋白含量为11.5%,消化能约为10.0兆焦/千克,中性洗涤纤维含量为47%,酸性洗涤纤维含量为33%,粗灰分含量为9.8%,可溶性碳水化合物含量为9.6%,钙素含量为0.29%,磷素含量为0.14%。郭海明等人的研究结果发现,芦笋茎叶用作湖羊饲料可获得较好的经济效益。

①芦笋茎叶应用于25千克体重生长湖羊:芦笋茎叶青贮料2千克(或自由采食)、精料0.4千克(玉米47%、豆粕46%、预混料7%)。预期日增重200克以上。日饲料成本1.59元。②芦笋茎叶应用于妊娠前期母羊:芦笋茎叶青贮料3千克、精料0.25千克(玉米90%、预混料10%)。日饲料成本1.22元。③芦笋茎叶应用于妊娠后期及哺乳期母羊:芦笋茎叶青贮料3千克(或自由采食)、精料0.55千克(玉米74%、

豆粕16％、预混料10％）。日饲料成本2.07元。（每千克芦笋茎叶青贮料、玉米、豆粕、预混料价格分别以0.2元、2.36元、3.5元、3.6元计。）

饲用新鲜芦笋茎叶要经过驯饲过程，逐日增量，日饲喂量不能突然增加，否则湖羊采食有限。

（7）野青草。夏季的南方大地上拥有数量较大的野青草资源，在劳动力成本可承受之下，可以收割野青草作为湖羊的青绿饲料，历史上野青草也是杭嘉湖地区湖羊的传统饲料。野青草中的干物质含量约为30％，干物质中的粗蛋白含量为7％左右，消化能约为9.0兆焦/千克。

优质牧草中尚有紫花苜蓿、篁竹草、墨西哥玉米等，规模羊场可以因地制宜地选择区域适宜的栽培品种，建立优质牧草周年轮作方案。浙江地区秋季栽培黑麦草，春季栽培高丹草是比较适宜的轮作模式。

当栽培的青绿饲料或区域废弃农作物青绿秸秆供给量大时，可以将青绿饲料、废弃农作物青绿秸秆调制成青贮饲料，调节青绿饲料四季供给不平衡问题，实现青饲料的周年均衡供给。

2. 常用粗饲料资源

粗饲料是水分含量在45％以下，粗纤维含量在18％以上，能量价值低的一类饲料，主要包括干草类、农副产品类（壳、茄、秸、秧、藤）、树叶、糟渣类等。粗饲料粗纤维含量高，营养价值低、适口性差，来源广、数量大（合理利用）。粗饲料在湖羊日粮干物质中所占比例最大，一般为60％~80％，主要对湖羊起供能作用，同时促进湖羊反刍，确保瘤胃健康。常用的粗饲料有稻草、油菜秆、花生藤、竹笋壳及竹叶、豆腐渣、大豆秸、麦秸等。

（1）稻草。鲜稻草的干物质含量约为36％，晒干后的稻草干物质为90％左右，稻草干物质中粗蛋白含量为5.8％，消化能约为6.0兆焦/千克，中性洗涤纤维含量为72％，酸性洗涤纤维含量为43％，可溶性碳水化合物含量为4％，钙素含量为0.56％，磷素含量为0.17％。

稻草作为湖羊粗饲料有以下几个缺点:一是收集成本高,纯劳动力收集可行性越来越小,通过秸秆捡拾打捆机收集是必然的趋势;二是稻草干燥问题,浙江多雨,在干燥过程中要确保稻草免遭雨淋实属不易,未充分干燥的稻草用秸秆捡拾打捆机收集,草捆中往往出现严重的霉变,影响稻草的饲用价值;三是稻草纤维含量高,表皮角质层和硅细胞严密,适口性差,消化率较低。上述几点降低了稻草用作湖羊饲料的利用价值。

湖羊耐粗饲,在浙江湖羊主产区一直有将稻草用作湖羊饲料的传统。湖羊有夜间觅食的习性,傍晚补饲稻草或其他草料,湖羊易肥。目前,农户养殖的湖羊屠宰率相对较高,与食槽中昼夜备草有较大关系。但湖羊对稻草的采食量相对较低,自由采食一般不超过日粮干物质的30%。因此,饲用的稻草应进行适度加工(如图17所示)。

图17 稻草加工

①稻草应用于25千克体重生长湖羊:建议稻草粉55%、玉米粉23.5%、豆粕19%、预混料2.5%,混匀、制粒。颗粒饲料自由采食。预期日增重200克以上,每日定量饲喂1.3千克/只,日饲料成本1.95元。若以粉状散料饲喂,建议将稻草粉与豆腐渣或青绿饲料等水分含量高的原料掺和,调制成全混合日粮饲用,可提高稻草的适口性及其采食量,但增重效果不易把握。稻草青贮料1.2千克(或自由采食)、精料0.6千克(玉米55%、豆粕40%、预混料5%),调制成全混合日粮饲用。预期日增重200克左右。日饲料成本2.08元。②稻草应用于妊娠前

期母羊:建议稻草粉65%、玉米粉29%、豆粕4%、预混料2%,混匀、制粒。每日定量饲喂1.6千克/只。日饲料成本1.74元。稻草青贮料2.5千克、精料0.3千克(玉米74%、豆粕18%、预混料8%)。日饲料成本2.1元。③稻草应用于妊娠后期及哺乳期母羊:建议稻草粉60%、玉米粉27%、豆粕10%、预混料3%,混匀、制粒。自由采食。日饲料成本2.17元。或稻草粉1.4千克、豆腐渣2千克、精料0.65千克(玉米粉69%、豆粕25%、预混料6%),混匀、调制成全混合日粮。自由采食。稻草青贮料3千克(或自由采食)、精料0.7千克(玉米69%、豆粕24%、预混料7%)。日饲料成本2.80元。(每千克稻草(或青贮料)、玉米、豆粕、预混料价格分别以0.3元、2.36元、3.5元、3.6元计。)

(2)油菜秆。油菜秆的干物质含量为92%左右,干物质中粗蛋白含量为3.5%,消化能约为5.0兆焦/千克,中性洗涤纤维含量为80%,酸性洗涤纤维含量为61%,粗脂肪含量为5%,粗灰分含量为5.7%,钙素含量为0.63%,磷素含量为0.26%。

油菜秆的蜡质、硅酸盐、木质素含量和细胞壁的结晶度较高,天然的异味和粗硬的动物口感,导致动物采食量和消化率均较低,直接饲喂油菜秆不利于动物的生长及生产。将油菜秆粉碎后饲喂是最简便的途径。

张勇等人以生长湖羊为对象,研究了油菜秆饲料化利用技术。其中对照组日粮组成为花生藤70%、玉米18%、豆粕10%、预混料2%。试验组日粮组成为油菜秆粉58%、玉米21.3%、豆粕18.7%、预混料2%。分别混匀、制粒。颗粒饲料自由采食。获得了很有价值的应用效果,详见表1。

表1　油菜秆颗粒饲料对6~8月龄湖羊体重及饲料转化效率的影响

项目	对照组	试验组	SEM	P值
干物质采食量(千克/天)	1.47	1.37	0.14	0.04
初始体重(千克)	32.31	32.35	0.45	0.94

续表

项目	对照组	试验组	SEM	P值
末重(千克)	39.79	39.98	0.92	0.86
日增重(克/天)	143	147	0.05	0.86
料重比	9.35	8.87	0.73	0.43
每千克增重成本(元)	15.73	9.86		

注：各原料成本：花生藤1.2元/千克、玉米1.9元/千克、豆粕2.8元/千克、预混料3.5元/千克、油菜秆0.1元/千克。

①油菜秆应用于25千克体重生长湖羊：建议油菜秆0.5千克、黑麦草(或豆腐渣)1.5千克、精料0.45千克(玉米43%、豆粕52%、预混料5%)。调制成全混合日粮，由湖羊自由采食。预期日增重200克以上。日饲料成本1.90元。②油菜秆应用于妊娠前期母羊：建议油菜秆0.7千克、黑麦草(或豆腐渣)2.5千克、精料0.3千克(玉米82%、豆粕8%、预混料10%)。调制成全混合日粮，由湖羊自由采食。日饲料成本1.1元。③油菜秆应用于妊娠后期及哺乳期母羊：建议油菜秆0.7千克、黑麦草(或豆腐渣)2.5千克、精料0.6千克(玉米66%、豆粕27%、预混料7%)。调制成全混合日粮，由湖羊自由采食。日饲料成本1.97元。(每千克油菜秆(或黑麦草)、玉米、豆粕、预混料价格分别以0.1元、2.36元、3.5元、3.6元元计。)

(3) 花生藤。花生藤的干物质含量为90%左右，干物质中粗蛋白含量为8.5%，消化能约为8.5兆焦/千克，钙素含量为0.97%，磷素含量为0.32%。花生藤是花生收获后的废弃作物秸秆，可直接作为湖羊饲料应用。我国年拥有资源量在2千万吨以上，是当前我国实现饲料化利用程度最高的废弃农作物秸秆之一，也是浙江规模湖羊场最常用的粗饲料，但均从外省购入。

花生藤和花生秧是两种不同的粗饲料，不应混淆，花生秧的营养价值远高于花生藤。规模湖羊场的养殖者对花生藤均较认可，采购、饲喂方便。花生藤在湖羊养殖中饲用量巨大,在废弃作物秸秆饲料化利用方面,花生藤是最成功的案例。

对于浙江湖羊来讲,尤其应注意花生藤原料的霉变问题,若花生藤发生了霉变,其中的主要真菌多是黄曲霉,因花生藤霉变导致羔羊腹泻、生长迟缓的现象在浙江规模湖羊场也偶有发生。黄曲霉、寄生曲霉等可产生有毒代谢产物——黄曲霉毒素,常导致动物肝脏病变。花生、玉米、麦类、饲草等在收获时或贮存过程中若未能保持充分干燥,也易导致黄曲霉滋长。湖羊采食被黄曲霉污染的饲料,会引起消化机能紊乱、腹水、神经症状等慢性中毒性疾病。羔羊表现为缺乏食欲、腹泻,成年羊表现为黄疸,妊娠母羊易发生流产。欧盟国家规定每千克羊饲料中黄曲霉毒素 B_1 控制在 0.05 毫克以下。国内有企业规定奶牛日粮中黄曲霉毒素 B_1 控制在 0.09 毫克以下。但我国对肉羊饲料的真菌毒素限量未见有明确规定,随着绿色畜产品生产意识的增强,将来我国必定会在这方面作出明确规定。

(4) 竹笋壳及竹叶。竹笋壳可分为毛笋壳和小笋壳,浙江地区毛笋壳的干物质含量在 11% 左右,干物质中粗蛋白含量为 17.5%,消化能约为 9.5 兆焦/千克,钙素含量为 0.30%,磷素含量为 0.22%。小笋壳干物质中粗蛋白含量为 4.5%,营养价值不如毛笋壳。

由于竹笋壳中含有湖羊难以消化的纤维束,日积月累,可在瘤胃中滚成球团,堵塞网瓣胃口,危及湖羊性命,因此,竹笋壳饲喂前应用铡草机充分切碎,确保竹笋壳饲喂的安全性。

竹叶干物质含量在 91% 左右,干物质中粗蛋白含量为 13.5%,消化能约为 8.5 兆焦/千克,钙素含量为 0.45%,磷素含量为 0.07%。竹叶在湖羊饲料应用中可根据饲料来源作适当添加,竹叶饲喂前最好也进行揉碎,可提高其消化率。

①毛笋壳应用于 25 千克体重生长湖羊:鲜毛笋壳 1.5 千克、稻草(或油菜秆)0.5 千克、精料 0.5 千克(玉米 50%、豆粕 45%、预混料 5%)。调制成全混合日粮,由湖羊自由采食。预期日增重 200 克以上。

日饲料成本1.77元。毛笋壳青贮料2千克、精料0.5千克(玉米48%、豆粕47%、预混料5%)。调制成全混合日粮,由湖羊自由采食。预期日增重200克以上。日饲料成本1.68元。②毛笋壳应用于妊娠前期母羊:鲜毛笋壳3千克、稻草(或油菜秆)0.7千克、精料0.3千克(玉米80%、豆粕10%、预混料10%)。调制成全混合日粮,由湖羊自由采食。日饲料成本1.2元。毛笋壳青贮料3千克、精料0.3千克(玉米60%、豆粕30%、预混料10%)。调制成全混合日粮,由湖羊自由采食。日饲料成本1.3元。③毛笋壳应用于妊娠后期及哺乳期母羊:鲜毛笋壳3千克、稻草(或油菜秆)0.6千克、精料0.65千克(玉米73%、豆粕19%、预混料8%)。调制成全混合日粮,由湖羊自由采食。日饲料成本2.16元。毛笋壳青贮料3千克、精料0.65千克(玉米66%、豆粕28%、预混料6%)。调制成全混合日粮,由湖羊自由采食。日饲料成本2.22元。(每千克鲜毛笋壳(或毛笋壳青贮料)、稻草、玉米、豆粕、预混料价格分别以0.1元、0.3元、2.36元、3.5元、3.6元元计。)

(5)豆腐渣。豆腐渣的干物质含量在11%左右,干物质中粗蛋白含量为16%左右,消化能约为10兆焦/千克,钙素含量为0.20%,磷素含量为0.30%。豆腐渣是加工豆腐制品的副产物,资源量大,遍及全国。在浙江,豆腐渣是传统湖羊养殖中的常用饲料,可在湖羊饲料中作适当添加,适口性极佳,湖羊喜食,深受养殖者认可,他们认为饲喂豆腐渣的湖羊易肥,但实质是日粮中配入适量豆腐渣促进了湖羊对其他饲料的采食之故。如果仅喂豆腐渣,湖羊无法增重,原因是豆腐渣的水分太高,这与饲喂过量黑麦草导致湖羊掉膘是一个道理。

豆腐渣的营养价值介于精料与粗饲料之间,有些养殖者也把豆腐渣当做蛋白饲料饲用,但是因豆制品加工企业的不同生产工艺使得豆腐渣中的粗蛋白含量存在一定差异,随着提取工艺的不断进步,豆腐渣中的粗蛋白趋于下降,纤维含量大幅上升,又因纤维细小,在瘤胃中停留时间短,影响消化利用。在南方夏天高温季节应注意豆腐渣的久存变质问题。

(6)大豆秸。大豆秸干物质含量在90%左右,干物质中粗蛋白含量为4.5%,消化能约为5.0兆焦/千克,钙素含量为0.44%,磷素含量为0.21%。大豆秸的营养价值与收获时含叶片量有关,叶片含量高,营养价值则高。大豆秸是我国大宗作物废弃秸秆,年拥有资源量在2500万吨左右。大豆秸类似于油菜秆,质感粗硬,属低质粗饲料,但其饲料化利用程度高于油菜秆,市售价格也不低。大豆秸作为优质的饲料源,在日常饲料中作适当添加即可,饲用前必须进行适当的粉碎,以提高适口性。大豆秸因收获时的干燥,导致绝大部分的叶片散落田间,从而影响大豆秸的营养价值。浙江规模湖羊场也有用大豆秸作为湖羊饲料,但抽样测定其粗蛋白含量仅为4.5%。浙江农区收获鲜食大豆后留下的大豆秸,基本保留了绝大部分的叶片,其干物质中的粗蛋白含量可达到10%以上,豆秆也相对柔软,是相对优质的湖羊粗饲料。

(7)麦秸。麦秸干物质含量在90%左右,干物质中粗蛋白含量为5.5%,消化能约为5.0兆焦/千克,钙素含量为0.10%,磷素含量为0.10%。麦秸作为农作物副产物,在湖羊日常饲料中作适当添加即可,对麦秸进行碱化处理是提高其消化率的可行途径。麦秸是我国第三大废弃农作物秸秆,全国年拥有资源量在1.2亿吨左右。在浙江地区很少将麦秸用于湖羊饲料,其原因为:一是大小麦收获时麦秆被就地粉碎,麦秸空心蓬松,难以收集;二是麦秸中性洗涤纤维高,消化率低。

另外,如喷浆玉米粉、大豆皮、米糠饼等均可成为湖羊养殖中的粗饲料,但是,这些加工副产物因不含长纤维,大量饲喂将影响湖羊反刍及瘤胃微生态环境、导致瘤胃pH下降,因此,要适量饲用。

(二)青贮饲料的调制技术

青贮饲料是将青绿饲料和青绿农作物秸秆等经切碎、压实、密封后,形成厌氧环境,实现青绿饲料长期保存的有效方法。青贮饲料可保持原有青绿饲料多汁等特性,营养损失少,适口性好,湖羊喜食,消化率高,浪费少;青贮饲料调制受天气变化影响小,饲喂时更适用于机械化操作。浙江以及南方各省拥有数量巨大的废弃农作物青绿秸秆,只要掌握了青贮饲料调制的基本原理、方法要领,所有的栽培青饲料、废弃农作物青绿秸秆均可调制成青贮饲料。湖羊养殖业者可以根据所处区域废弃农作物青绿秸秆产生情况,从各自实际需要出发,因地制宜地采取适当的规模、方法进行青贮饲料调制。

1. 优质青贮饲料调制技术要点

青贮饲料调制的基本技术并不复杂,也易掌握,关键是要注意调制过程的细节,以获得优质青贮饲料,避免不必要的损失。

掌握原料的特性 建议浙江地区的规模湖羊养殖场可利用周边废弃农作物青绿秸秆调制青贮饲料,既节约成本,又解决废弃农作物的污染问题,实现农牧产业的可持续协调发展。在不同区域,种植品种各不相同,浙江地区的大宗废弃农作物青绿秸秆主要有茭白叶、玉米秸秆、笋壳、稻草、芦笋茎叶、西兰花叶等,调制前要着重掌握这些原料的水分、可溶性糖含量等。对于水分高的原料,要添加适量吸附剂,对可溶性糖不足的原料,要添加适量的含糖高的饲料原料。对于栽培的优质牧草青贮调制,应考虑在适宜的成熟期收获原料,一般禾本科牧草在抽穗期收获较好,豆科牧草以开花初期收获较好。适时收获原料可以保证单位种植面积的最高产量和最佳养分含量。用于调制青贮的原料,应尽量避免曝晒、堆积发热,原料的青绿和新鲜程度越高,青贮饲料质量越好。

切碎 我国民间历来有"细草三分料""寸草铡三刀"的说法,是有一定道理的。对于湖羊来说,原料切碎的长度以 $0.5\sim2$ 厘米为宜,相对短的长度,可减少原料间隙、挤出空气,更有利于压实,可加速抑制好氧微生物的活动,并为乳酸菌的繁衍创造良好的环境。其次,切碎可使植物组织、细胞内的汁液更多地释放出来,为乳酸菌繁衍提供营养,增加乳酸产生量,降低 pH。这些因素都有利于优质青贮饲料的调制。

另外,相对短的原料长度,也有利于湖羊日粮加工时的混合、拌匀,缩短湖羊采食时间、增加采食量,提高饲料转化效率及湖羊的生产性能。

填装、踩实 将铡草机放置于青贮窖内或窖外,原料切碎后直接送入青贮窖内,可减轻劳动强度。原料打入青贮窖后,要逐层(约30厘米/层)耙平、踩实,同时,可加入复合乳酸菌制剂、吸附剂等青贮添加剂。特别要注意青贮窖的边、角处,要充分踩实,因为边、角处的原料往往较松,也不易踩实,开窖后发现青贮饲料霉变等情况多见于边、角及窖顶部,主要原因就是未充分踩实、存留了较多空气。因此,原料层层填装过程中,踩得越实越好,这样更易于造成厌氧环境,便于乳酸菌的繁衍。原料填装要连续进行,不能间断,装填的速度越快越好,尽量缩短装满青贮窖的时间,以避免在原料装满与密封之前腐败。由于装满窖的青贮原料经发酵后会显著下沉,因此,原料填装量可装至高出青贮窖顶0.5~1米,以提高青贮窖的利用空间。

密封、压实 原料装满、压实以后,必须及时密封(如图18所示),这是调制优质青贮饲料的重要环节。原料装填前,在三面窖墙顶部预置农用塑料布,窖角处要有1米的重叠,塑料布厚度10丝以上;塑料布自墙顶下挂至墙中部,上部预留长度可盖过窖宽的2/3以上,封盖时先盖窖门及其相对墙顶上的塑料布,再盖长边两侧的塑料布。然后压上汽车旧轮胎,间距1米。一定要注意塑料布不能有任何破损,微小的破损必将导致破损部位青贮饲料的败坏。只有杜绝外部空气进入青贮窖,才能形成厌氧环境,促进乳酸菌发酵,调制出优质青贮饲料,青贮饲料截面图如图19所示。如果窖顶没有屋顶式盖棚,需再盖上一层塑料布,长度盖过窖墙外侧,以避免雨水沿窖壁渗入窖内,败坏青贮饲料。装窖30~45天后即可开窖饲用。

图 18 密封、压实

图 19 截面图

2. 青贮饲料的取料与驯饲方法

取料方法 青绿饲料经青贮发酵后,营养物质更易被消化。开窖后,厌氧保存的青贮饲料与空气接触,原有被抑制的酵母、丁酸菌迅速复活以及空气中的真菌、杂菌侵入,引起青贮饲料的迅速变质,即所谓的"二次发酵"。尤其在夏季,青贮饲料更易败坏。因此,取

图 20 青贮饲料的横断面

料方法尤其重要,取料时应从青贮饲料的横断面(如图 20 所示)垂直方向,自上而下一小段一小段的切取,尽量减少留于窖中的青贮饲料松动范围,保持取料截面平整、致密。日取料截面距离至少 0.5 米以上。开窖后要连续饲用,不要中途停喂。

驯饲 青贮饲料保持了青绿饲料多汁性的特点,但是,没有喂过青贮饲料的湖羊,开始饲喂时有可能不爱吃,经过驯饲后,湖羊都喜食。驯饲的方法是,在早上湖羊空腹时,第一次先用少量青贮饲料与少量精

饲料混合、充分搅拌后饲喂,使湖羊不能挑食。经过3～5天不间断饲喂,湖羊就能很快习惯,然后再逐步增加饲喂量。饲喂青贮饲料最好不要间断,一方面防止窖内饲料腐烂变质,另一方面频繁变换饲料影响湖羊瘤胃发酵的稳定性,最终影响湖羊的生产性能。从精细化管理来讲,更换湖羊日粮组成应该要有10～15天的过渡期,不能有啥吃啥,频繁变换饲料。

3. 竹笋壳青贮技术

竹是南方地区特有的经济林,主产于浙江、江西、福建、湖南等省,产量占全国的60%以上。竹叶、竹笋壳是竹产业加工副产物,上市时间集中于每年的4～5月,全国年拥有的资源量约2500万吨。如杭州临安在每年春季竹笋加工过程中产生约20万吨的竹笋壳,若作为垃圾处理,既无处可埋,也是竹笋罐头加工企业的巨大负担。将竹笋壳应用于湖羊饲料是可行的途径。

竹笋壳是毛笋、小笋加工成笋罐头、笋干后遗弃的副产物。毛笋壳中水分含量一般在90%左右,但干物质中粗蛋白含量约有18%。小笋壳干物质中粗蛋白含量仅有5%,饲用价值远低于毛笋壳。竹笋壳经适当调制后也可以用作湖羊饲料。

由于竹笋壳上市时间相对集中,鲜食时间相对较短,因此,绝大部分的竹笋壳需青贮加工(如图21所示)保存。竹笋壳青贮保存应

图21　竹笋壳青贮加工

注意两个问题：一是因竹笋加工过程中经加热处理,原料中乳酸菌数量较少,添加乳酸菌制剂是必要的；二是竹笋壳含水量极高,青贮调制时需加吸水剂,否则会导致污水横流。青贮加工后的竹笋壳如图22所示。

图22 青贮加工后的竹笋壳

毛笋壳青贮技术：在将毛笋壳打入青贮窖前,建议在窖底先铺0.5～1米厚的油菜秆粉或稻草粉,以防渗液。然后按每吨毛笋壳加常规用量4～5倍的复合乳酸菌制剂、20千克玉米粉、200千克油菜秆粉或稻草粉,按青贮饲料调制技术要求进行分层调制。

五、湖羊的营养需求与日粮配制

（一）日粮配制原则及示例

由于湖羊耐粗饲、易养，传统饲养模式是家里有什么就给湖羊吃什么，因此，许多规模湖羊养殖场，尤其是由工商资本投资的新建羊场，依然沿用了传统的饲养模式，尽管养殖过程中羔羊死亡率偏高、母羊产后瘫痪较多，但也能确保湖羊养殖场不出大问题。湖羊传统饲养模式带有较大的盲目性，许多规模湖羊养殖场都不清楚日粮供给了多少消化能、粗蛋白以及钙和磷，基本是跟着感觉走，几乎无科学性和合理性可言。

在湖羊养殖中饲料成本约占总成本的70%以上，是影响湖羊养殖效益的最大因素，也是企业挖掘内部潜力的最重要环节。在肉羊市场低迷时，广大湖羊养殖者惊呼养殖湖羊日子不好过，却不重视挖掘企业内部的潜力。市场规律是大浪淘沙、适者生存。规模湖羊养殖场开展湖羊日粮配方设计、优化配制工作是提高企业市场竞争力的重要环节，当市场低迷时可保存实力、待机而发，而当市场回暖时即可获得高额利润。

由于各湖羊养殖场所饲用的饲料原料、日粮的调制技术等并不一致，因此，并没有适用于所有湖羊养殖场的通用日粮配方，除非照搬照抄。对于湖羊养殖场个体来讲，如果要获得日粮饲料成本最低、饲养效果最好，必须根据各自羊场的实际情况，以《肉羊饲养标准》（NY/T 816—2004）为基础，设计湖羊各生产阶段的日粮配方，通过饲养效果测定，结合反刍动物营养科学知识,不断完善各生产阶段的日粮配方,逐渐建立适合本羊场的日粮配方及日粮加工技术,实现湖羊的精细化养殖,以获得最佳的饲养效果和经济效益。以下结合实例介绍湖羊日粮配方设计的一般方法。

1. 20千克生长肥育羊日粮配方设计示例

(1)确定饲养目标:日增重200克。

(2)查饲养标准:确定肥育羊营养需求,见表2。

表2 肥育羊营养需求

体重 (千克)	日增重 (千克/天)	干物质 采食量 (千克/天)	消化能 (兆焦/天)	粗蛋白 (克/天)	钙 (克/天)	磷 (克/天)	食用盐 (克/天)
20	0.2	0.9	11.3	158	2.8	2.4	7.6

(3)确定饲料原料:玉米秸、玉米、豆粕、盐。

(4)从饲养标准中查各饲料成分及营养价值表,见表3(根据实践结果和经验,可以适当调整各参数)。

表3 饲料成分及营养价值表

类别	干物质(%)	消化能 (兆焦/千克)	粗蛋白(%)	钙(%)	总磷(%)
玉米秸	90	8.6	6.5	0.43	0.25
玉米	88	16.5	9.7	0.09	0.24
豆粕	90	16.5	46.0	0.35	0.55

(5)日粮配方简单设计。

干物质(每天):玉米秸0.53千克×90%+玉米0.23千克×88%+豆粕0.26千克×90%+盐0.0076千克×98%=0.92千克。

消化能(每天):玉米秸0.53千克×8.6兆焦/千克+玉米0.23千克×16.5兆焦/千克+豆粕0.26千克×16.5兆焦/千克=12.6兆焦。

粗蛋白(每天):玉米秸0.53千克×6.5%+玉米0.23千克×

9.7%+豆粕 0.26 千克×46.0%=0.18 千克。

钙(每天):玉米秸 0.53 千克×0.43%+玉米 0.23 千克×0.09%+豆粕 0.26 千克×0.35%=0.003 千克。

总磷(每天):玉米秸 0.53 千克×0.25%+玉米 0.24 千克×0.25%+豆粕 0.26 千克×0.55%=0.0034 千克。

日粮配方的计算可以通过 Excel 工作表进行测算(如图 23 所示),建立运算模式后,只要输入各种饲料原料的每日供给量,即可得到日粮的营养参数,方便易行。羊场技术人员通过学习,均能掌握这一技能。当然也可用日粮配方软件进行设计。

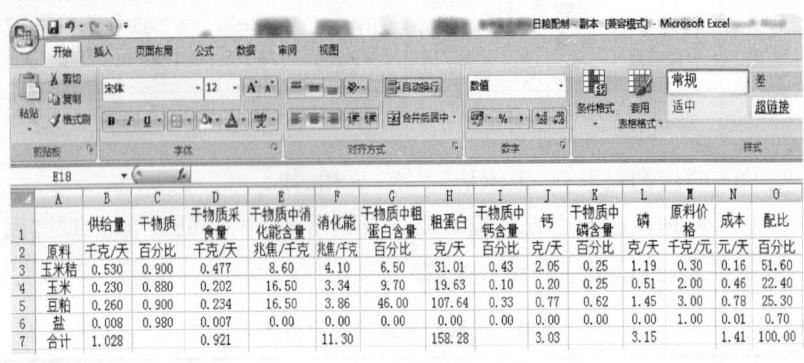

图 23 日粮配方测算

(6)日粮组成。玉米秸 0.53 千克、玉米 0.23 千克、豆粕 0.26 千克、盐 0.008 千克,其中粗饲料比例为 61.1%(干物质的百分比)。按比例配制日粮为玉米秸 51.6%、玉米 22.4%、豆粕 25.3%、盐 0.7%。

2. 妊娠后期母羊的日粮设计示例

《肉羊饲养标准》(NY/T 816—2004)中分列了怀单羔和双羔的母羊每日营养需要量。多羔性是湖羊的种质特性,湖羊怀双羔是基本要求,怀三羔、四羔的母羊在群体中也占有一定比例。因此,在设计妊娠后期母羊的日粮配方时,可根据怀双羔母羊实际体重,上浮 5 千克的标准设计日粮配方,即母羊实际体重 55 千克,按标准中 60 千克的营养需要量设计日粮配方(如图 24 所示),其基本设计过程同生长肥育羊日粮配方示例。

	妊娠后期怀双羔母羊	体重	干物质采食量	消化能需要量	粗蛋白	钙	磷	食用盐						
		千克	千克/天	兆焦/天	克/天	克/天	克/天	克/天						
参考标准NY		60.00	2.20	21.76	203.00	9.00	5.30	9.50						
原料	供给量 千克/天	干物质 百分比	干物质采食量 千克/天	干物质中消化能 兆焦/千克	干物质中粗蛋白含量 百分比	消化能 兆焦/天	干物质中钙含量 百分比	钙 克/天	干物质中磷含量 百分比	磷 克/天	原料价格 元/千克	每日成本 元	配比 百分比
稻草	1.40	90.00	1.260	6.00	7.56	5.50	69.30	0.12	0.15	0.05	0.63	0.30	0.42	34.40
玉米	0.46	88.00	0.405	16.50	6.68	9.70	39.27	0.10	0.46	0.25	1.01	2.00	0.92	11.30
豆粕	0.16	90.00	0.144	16.50	2.38	46.00	66.24	0.33	0.53	0.62	0.89	3.00	0.48	3.90
豆腐渣	2.00	11.00	0.220	15.00	3.30	16.00	35.20	0.20	4.00	0.30	0.66	0.25	0.50	49.20
预混料	0.045	98.00	0.044	0.00				11.28	5.38		2.73	3.00	0.25	1.10
合计	4.065		2.073		19.92		210.01		11.74		5.57		2.46	100.00

图24　设计日粮配方

3. 湖羊日粮配方设计的要点

（1）原料中营养成分的确定。原料中的干物质、粗蛋白、钙、磷等含量可以通过实测值确定，但消化能难以实测，只能以标准中提供的参数为基础或通过消化试验以及饲养效果，评估消化能值。日粮消化能的确定是配方设计中的难点，也是日粮精准设计、实现湖羊精细化养殖的要点。

（2）日粮中各营养素的均衡供给。日粮配方设计的目的就是在确定湖羊生产阶段、生产目标的条件下确保消化能、粗蛋白、钙、磷等养分的均衡供给，各营养素的供给如同水桶原理，桶中最低一块板的高度预示了水能装多满，高出的其他板实际是浪费。而湖羊养殖中的情况则更为严重，如过高的粗蛋白供给量，不仅增加饲料成本，而且将加重湖羊对剩余蛋白质代谢的负担，导致妊娠后期母羊阴道外翻等严重问题，影响湖羊健康。

（3）钙、总磷供给。反刍动物耐受钙、磷的比例不同于猪，许多动物营养教科书中认为反刍动物耐受钙、磷的最大比例可以达到7∶1，但实际生产中一般不会出现这样的情况。对于湖羊来讲，日粮中钙、磷的比例在1~3∶1的范围内是适宜的。日粮中钙过高往往是因某些原料中钙含量较高引起的,如花生藤、蚕沙、预混料等。健康的湖羊一般不会因钙过高而引发尿道结石的问题,许多湖羊养殖者当发现公羔肥育过程中发生尿道结石时,往往简单地归结为日粮中添加的预混料,尽管有一定道理,但还是片面的。当公羔出现尿道结石时,一般以日粮中同时饲用国产发酵副产物(DDGS)、花生藤、预混料或高精料时多见,因此,并不能排除饲料中的真菌毒素或瘤胃偏酸等其他因素对湖羊泌尿系统的直接或间接慢性损害。在设计日粮磷供给时应尽量少用磷酸氢钙这一类的无机磷,以减少粪中磷对环境的污染。可以多用米糠、菜粕、高丹草等含植酸较高的饲料原料,猪等单胃动物难以利用植酸中的磷,而湖羊等反刍动物瘤胃中的微生物能降解植酸,释出磷而被湖羊机体利用。这也是湖羊等肉羊产业的优势之一。

(4)能量供给。生产实践中往往会过高地估算日粮的消化能值,在配方设计时应重点注意。在确定湖羊生产阶段、生产目标的条件下,应根据气候环境酌情增减日粮的消化能值。如夏季适用的日粮配方,到了冬季饲用,就会出现日粮消化能不足的问题,因此,设计冬季湖羊日粮时应增加消化能值,尤其是冬季的北方地区,建议比夏季日粮增加10%左右的消化能。另外,如果日粮中添加茶皂素、莫能霉素等添加剂或商品预混料(一般含莫能霉素)时,日粮消化能会有10%以上的增加值,因此,设计日粮配方时,消化能值可以比标准酌情降低。

(二)湖羊全混合日粮加工技术

全混合日粮(total mixed rations,TMR),是根据牛羊等反刍动物不同生长发育阶段和生产目的的营养需要标准,科学设计能量、粗蛋白质、粗纤维、矿物质和维生素等营养素平衡的日粮配方,通过专用的搅拌混合机将各种粗饲料揉碎,并与精饲料及饲料添加剂进行充分混合而成的营养均衡日粮。从形态上来讲可以分为两种:一种是含水量相对较高的粉状散料,属经典 TMR;另一种为颗粒状 TMR。TMR 饲养技术最早在奶牛生产上应用,技术已非常成熟。近几年来,浙江省湖羊养殖中已有 TMR 饲养技术的基础,如许多规模湖羊养殖场,将粉碎的粗饲料与精饲料通过手工翻拌或简易搅拌机混合后进行饲喂。使用专用全混合日粮(TMR)搅拌混合机加工(如图 25 所示)的技术刚刚起步,随着浙江省湖羊振兴计划的实施,这一技术将得到快速普及。

图 25　全混合日粮搅拌混合机加工

1. 应用 TMR 技术饲养湖羊的优点

湖羊等反刍动物都具有一定的挑食性,传统饲养湖羊的模式一般是精粗分饲、混群饲养,精饲料定量饲喂,粗饲料自由采食。尽管设计了一个科学合理的日粮配方,但难以达到预期的饲养效果。一是因为湖羊喜食精饲料,对粗饲料的采食随意性较大,尤其是当日粮中设计了较大比例的低质粗饲料时,往往出现大量的剩余粗饲料,导致"第二个日粮配方";二是因为瘤胃内的消化代谢波动较大,湖羊采食精饲料后,由于精料中玉米等易消化,使得瘤胃 pH 大幅下降,纤维分解菌活力降低,不利于粗纤维的消化,导致饲料利用率下降,造成饲料浪费。这在不同程度上导致湖羊生长缓慢、饲养周期长、生产成本高等问题。因此,传统湖羊饲养模式不符合现代畜牧业高效养殖的发展要求。而 TMR 饲料是根据肉羊各阶段的生产目的和营养需要,应用现代营养学原理和加工技术调制出能够满足其需求的营养均衡日粮,实现肉羊饲养的科学化、机械化、自动化、定量化和营养均衡化,克服传统饲养方法中的精粗分饲、营养不均衡、难以定量和效率低下等问题。

使用TMR饲养技术能提高瘤胃发酵效率和饲料利用率。由于TMR饲料营养均衡全面,瘤胃内的碳水化合物与蛋白质的分解利用更趋于同步,使得各种瘤胃微生物活动更加协调一致,瘤胃pH更加趋于稳定,有利于微生物的生长繁殖,改善了瘤胃机能,提高瘤胃发酵效率。因此,使用TMR饲养技术,可以提高肉羊对饲料的利用效率。柴君秀等人研究显示,使用TMR饲养技术的肉羊料重比为12.44,而传统精粗分饲组肉羊料重比为16.82,TMR饲喂组肉羊的饲料利用率显著提高了35.2%。

使用TMR饲养技术能提高肉羊养殖效益。有研究表明,肉羊TMR饲喂与常规饲喂相比,可显著提高肉羊的生产性能。将稻草粉碎后,制成以稻草为主的颗粒饲料饲喂湖羊,能显著提高湖羊对稻草的采食量,降低饲料成本,提高养殖效益。林嘉等人将TMR中粗饲料碱化处理后再进行颗粒化加工,通过饲喂幼龄湖羊,发现TMR饲料的颗粒化处理使得试验羊日增重、日采食量和饲料转化率分别提高83.16%、54.74%、15.52%,每只羊每日获利分别可增加69.68%,与未颗粒化加工组比较,效益非常显著。马春萍使用中国美利奴后备公羊,对比了TMR饲喂与常规饲喂的效果,结果显示,TMR饲喂组平均月增重5.53千克,常规饲喂组平均月增重3.04千克,TMR饲喂组平均月增重显著高于常规饲喂组。此外,TMR饲喂组周岁平均毛长12.74厘米,常规饲喂组周岁平均毛长10.87厘米,可见TMR饲养技术对绵羊的生长发育和羊毛生长都具有促进作用。TMR饲养技术适应当前肉羊产业向集约化、规模化和标准化发展的需要,许多应用TMR饲养技术的羊场,综合养殖效益大大提高。史清河等人研究认为,使用TMR饲养技术利于开发、利用原来单独饲喂时适口性差的饲料资源(如尿素、氢氧化钠干法处理的秸秆等),从而降低饲料成本,提高养殖效益。柴君秀等人在 TMR 饲养技术与传统精粗分饲技术效果对比试验中发现,TMR 试验组饲养效益显著优于传统精粗分饲组:TMR 试验组肉羊 150 天的只均净收益为 173.27 元,而对照组肉羊则为 95.69 元,TMR 试验组肉羊比对照组肉羊只均多增收 77.58 元,只均收益提高了 81.07%。

使用 TMR 饲养技术能改善肉羊健康状况。营养与抗病力紧密相关,均衡全面的营养能够保障和提高动物的抗病力。TMR 饲料充分满足了肉羊的营养需求,在保障羊群健康水平方面显示出良好的效果。杨文博等人在新疆紫泥泉种羊场从改善羊只的营养状况入手,利用 TMR 饲养技术,结合其他综合性防控措施,使羔羊腹泻病的发病率大幅度下降。2010 年羔羊断奶后成活率比 2009 年提高了 17.61%,达到 95.16%。俞联平等人选择适度规模的肉羊繁育场和养羊户,对比了 TMR 饲养技术与传统精粗分饲技术的试验效果,结果显示,妊娠母羊采用 TMR 饲养技术,流产率比较精粗分饲的传统饲养方式降低了 1.0～2.8 个百分点,羔羊成活率提高了 2.3～3.0 个百分点。

使用 TMR 饲养技术能提高劳动效率。TMR 加工过程中的粗饲料切碎、混合、卸料等环节均由机械操作,运转过程定时进行,一般 0.5 小时即可完成 TMR 制作。喂料环节使用电动撒料车(如图 26 所示),一个 3 000 只规模的湖羊养殖场可以在 2～3 小时内轻松完成日粮加工、喂料工作。

图 26　撒料车

TMR饲养技术是规模羊场实现标准化饲养的新型生产模式，是我国肉羊产业转型升级的必然趋势，也是未来肉羊产业持续健康发展的关键技术，具有广阔的应用前景。

2. 常规TMR加工技术

TMR制作时的原料投放遵循"先长后短，先干后湿，先轻后重"的基本原则，或"先干料后湿料，先粗料后精料，先小密度原料后大密度原料"的投放原则。投料过程中一般先投放不易切碎的粗饲料，如稻草、羊草、燕麦草等。TMR加工技术要点如下：

（1）原料营养成分检测。各种饲料原料营养成分含量是科学配制TMR的基础，在制定日粮配方前须对各原料进行营养成分测定，建议对各批次原料均进行检测化验，并以此为基础对配方进行调整。

（2）原料水分检测。TMR日粮要求水分含量在40%～50%。当原料水分含量偏低时，制作TMR时需额外添加水，否则精料难以黏附于粗料上，易使精粗分离。夏季饲用的TMR水分可以适当高些。原料水分含量是影响TMR饲喂效果的重要因素。水分含量变化会引起日粮干物质含量的变化，影响羊的干物质采食量。如奶牛的TMR日粮应用研究表明，水分含量超过50%后，每高出1%，干物质采食量下降幅度为体重的0.02%，这一结果也可供肉羊TMR加工参考。TMR的水分含量一般可以通过各种原料成分测定得到控制。精细化管理可用水分快速测定仪检测每批次的TMR水分含量。

（3）科学设计日粮配方。根据饲料原料及羊所处生理阶段、体况等科学配制日粮配方。对于万头以上规模的羊场来讲，建议结合各生产阶段的群体情况，尽可能设计与各生产阶段营养需要相适应的多种TMR日粮配方，并适时进行调整。规模较小的羊场，由于特定生产阶段的群体较小，TMR日粮需要量较少，为避免因生产多配方日粮造成TMR调制时间过长，可以生产一个基础TMR，再根据每个特定生产阶段羊群的营养需要另加部分精料或粗料。

(4)准确称量,顺序投料,合理控制混合时长。每批原料添加须进行记录、存档,每批原料的投放量不少于20千克,少于20千克的原料需进行预混合后再投放,否则影响混合均匀度。各原料的投放量必须根据设计配方精准称量、投放,否则会出现俗称的"第二个配方日粮",降低原来科学设计的日粮配方的营养价值。

原料的投放顺序和混合搅拌时间均能影响TMR的混合均匀度。应严格贯彻TMR制作时的原料投放基本原则。混合搅拌时间一般在最后一批原料添加完后,再搅拌5~7分钟为宜。搅拌时间太短,原料混合不均匀。搅拌时间过长,会使得TMR过细,有效纤维不足,导致瘤胃pH降低。

(5)搅拌细度的控制。可用宾州筛或颗粒振动筛进行测定。测定日粮样品时,顶层筛上物料重应占样品重的6%~10%,且筛上物不能有长粗草料;测定料脚时,检测结果与采食前的检测结果差值不超过10%,如超过则说明羊出现挑食现象,俗称"第三个配方日粮"。应从TMR日粮水分过低、干草过长、搅拌时间等方面找原因。TMR颗粒细度也是确定适宜搅拌时间的关键指标。

(6)合理选择TMR机械。选择TMR机械,除考虑耗能、售后服务及使用寿命等因素外,主要根据羊场规模、日粮种类、机械化操作水平和混合均匀度要求等进行选择。

3. 常规TMR加工应注意的问题

(1)完善饲养标准,建立常用饲料营养参数的数据库。日粮配方的设计是建立在原料营养成分准确测定以及不同生产阶段湖羊饲养标准明确的基础上。我国目前所用的肉羊饲养标准中的营养需要参数与我国各地肉羊良种培育及各品种的种质特性存在一定的差异,饲料原料中干物质含量和营养成分受产地、品种、部位、批次、收获时间和加工处理方式等的影响而常有变化,个别指标甚至变化极大,由此,常常导致实配TMR饲料的营养含量与标准配方的营养含量有差异,所以,为避免差异太大,有条件的规模羊场应定期抽样测定各饲料原料养分的含量,并通过饲养效果测定,调整各生产阶段的营养需要参数,不断完善符合各自羊场生产特点的饲养标准。

(2)控制适度的 TMR 水分。TMR 水分是确保 TMR 质量的关键因素,如果水分过低,将导致精粗分离。TMR 水分也是影响饲喂效果的重要因素,水分过低或过高,均影响湖羊干物质采食量;适度的水分含量可改善 TMR 的适口性,促进湖羊采食,提高饲料利用率和湖羊的生产性能。因此,在调制 TMR 过程中要高度重视 TMR 中的水分含量。一般通过各原料水分的准确测定,并调整各原料在配方中的比例,即可控制 TMR 中的水分含量。另外,应根据不同季节调整 TMR 中的水分含量,建议春秋冬季节的 TMR 水分含量以 45% 左右为宜,夏季的 TMR 水分含量可略高些,预留蒸发的量,以 50% 左右为宜。适宜的 TMR 水分含量也可用手握法简单判定,即紧握不滴水,松开手后 TMR 蓬松且较快复原,手上湿润但没有水珠渗出,则表明含水量适宜(45% 左右)。但无论环境条件如何,使精料均匀黏附于粗料表面是判别适宜水分含量的基本准则。

(3)注意原料准确称量,掌握正确的投料顺序。原料要准确称量,说说每人都懂,但在实际生产中往往存在较大偏差,这跟操作员的认真程度有关,只要操作员工认真执行,就能做得很棒。投料顺序影响 TMR 的混合均匀度,立式搅拌机一般是先粗后精,按"干草—青贮(湿料)—精料"的顺序投料混合;在混合过程中,要边投料加水,边搅拌,待物料全部加入后再搅拌 5~7 分钟。卧式搅拌车(机)可采用先精后粗的投料顺序。

(4)注意原料去杂,进行必要的预处理。在原料添加过程中,要防止铁器、石块、包装绳等杂质混入,以免造成搅拌机损伤。大型草捆应提前散开,用粉碎机或铡草机进行适度处理,可提高 TMR 搅拌机的工作效率;如用粉碎机预处理,可选用筛孔直径为 1.0~1.4 厘米的筛网,粉碎效率高,草粉长度适中。部分种类的秸秆可预先加水进行软化。

(5) TMR饲料外观品质优劣鉴别。从外观上看,精粗饲料混合均匀。精料附着在粗料表面,松散而不分离,色泽均匀,质地新鲜湿润,无异味,柔软而不结块。在实际生产中,技术人员要定期检查TMR饲料的品质。

4. 发酵全混合日粮加工技术

发酵全混合日粮(FTMR)是一种新型的TMR日粮,是根据肉羊不同生长阶段的营养需要,将秸秆、青贮、干草等粗饲料切割成一定长度,并与精饲料、矿物质、维生素等添加剂按设计比例搅拌混合后,通过一个密闭空间的厌氧发酵(产生乳酸)而调制成的一种营养相对平衡的日粮。FTMR实质上是将调制好的TMR进行再加工处理(额外添加微生物进行厌氧发酵)的日粮,其优点是可以有效利用含水量高的饲料原料,而且可以长期储藏、便于运输,是商业化运作肉羊日粮配送的有效模式。另外,饲料开封后的有氧稳定性增强、适口性也有所改善;添加的微生物(益生菌)对肉羊的瘤胃发酵产生促进作用,提高饲料利用率、改善机体健康等。邱玉朗等人将FTMR、TMR和精粗分离日粮进行比较,结果显示,相比TMR和精粗分离饲料,FTMR具有促进肉羊生长、提高饲料效率和提高营养物质消化率的作用,并且对提高机体免疫力、改善肉羊消化吸收功能和增强蛋白质合成也有一定效果。

羊用FTMR在实际生产中目前尚未开展,随着肉羊饲养人员观念的不断更新、肉羊生产技术水平的不断提升,羊用FTMR可能会在将来的肉羊生产中得到应用与发展。

六、湖羊的饲养管理

（一）分娩及哺乳母羊的饲养管理

分娩及哺乳阶段指母羊分娩前后至羔羊断奶。此阶段的饲养管理目标重在确保母羊顺产、促进康复、提高哺育力。

1. 产前准备

母羊受胎一般经150天左右即行分娩。在临产前3～5天，应对产房和圈舍进行彻底清扫与消毒，清理好产圈，彻底打扫、消毒，保持产圈清洁、干燥。冬季产房和新生羔羊的圈舍温度应保持在10摄氏度以上，并保持圈舍温度的相对稳定，严防贼风侵袭。产床要铺垫清洁、柔软的干稻草，并保持床面干燥。夏季要通风。准备好接产用具，如药棉、碘酒、剪刀、秤等。当母羊出现临产征兆时，如举止不安，食欲突然下降，回头顾腹，腹部下沉，阴户红肿、有分娩物，乳头能挤出几滴初乳等现象，应用0.1%的高锰酸钾溶液清洗母羊的乳房、尾根、外阴部、肛门等。

2. 接产

母羊产羔时，一般无需助产，如遇难产或母羊产羔无力时，则需要助产。方法：待羔羊头部出现时，一手托住羔羊头部，一手握住前肢，在母羊腹部收缩时，顺势将羔羊轻轻拉出。羔羊产出后，用干净棉布将羔羊口鼻处黏液擦净，以防窒息，然后让母羊舔净羔羊身上的黏液。羔羊脐带常会自然拉断，如未拉断可用剪刀在离腹部5厘米处剪断，并涂上

5%碘酒。如有羔羊假死,可提起两后肢并拍击其背、胸部进行处理。产羔后,要定时清扫污物并保持舍内空气流通。

3. 母羊产后康复

母羊完成分娩要消耗大量体力,易发生内脏移位,甚至损伤,导致体质虚弱。因此,做好产后护理,是提高母羊哺育力的重要环节。母羊产羔后 1 小时左右饲喂 30～40 摄氏度红糖麸皮盐水汤(红糖 100 克、麸皮 100 克、盐 8 克、益母草或益母草膏 100 克、水 1 000 克)有利于加速母羊体质的康复,减少产后疾病的发生,为提高母羊的哺育力打下基础,也是体现湖羊福利的重要举措。分娩结束后在羊栏内重新换上干净褥草,让母羊和哺乳羔羊休息。母羊胎衣排出后立即取走,若产羔后 6 小时未见胎衣排出,须进行治疗。

母羊分娩后 1～3 天宜少喂精料,随后逐渐提高营养水平和增加饲料供给量。哺乳期母羊的营养需要接近于妊娠后期母羊的营养水平,从浙江地区规模湖羊场的羊群结构来看,将哺乳期母羊与妊娠后期母羊的日粮配制合二为一是可行的,也便于管理、操作。在哺乳期母羊日粮中可多喂青绿饲料以及适量的啤酒糟,有利于提高母羊的泌乳性能。

湖羊具有强大的泌乳性能和哺育力,在康复措施到位、良好饲养管理条件下,哺乳期母湖羊平均日泌乳量可达 1.9 千克,最高日泌乳量可达 4.8 千克,且乳汁极浓稠,其中的粗蛋白、粗脂肪含量为牛奶的两倍,若将湖羊转型为奶用羊也绝不逊色。因此,从深层次讲,湖羊具有强大的饲料转化能力和哺育力,在羔羊 20 日龄前,一母羊带三羔羊也是可行的。

在精细化饲养管理下,羔羊于 45 日龄即可断奶。在传统饲养模式下,羔羊于 60～70 日龄断奶。断奶前 7 天开始逐渐减少母羊日粮中的精饲料及多汁饲料饲喂量。断奶母羊离开哺乳栏,移至空怀期羊舍,羔羊留原栏。

（二）肥羔羊生产技术

羔羊一般是指出生到断奶的羊。也有将初性期以前的羊叫作羔羊。羔羊饲养管理的目标是提高成活率，减少发病率，个体整齐、生长快速，缩短哺乳期，避免僵羊。

1. 新生期羔羊的护理

新生期羔羊指出生15天以内的羔羊。新生期羔羊的护理是提高羔羊成活率的关键时期，一定要做好以下几点：

（1）羔羊出生后要及时清除羔羊口、鼻黏液。让母羊尽快舔干净羔羊身上的黏液，如果母羊不舔羔羊，可在羔羊身上撒些麸皮，诱导母羊舔，然后用干净布擦净。新生羔羊出生后，无论是自然断脐带，还是人工断脐带，都必须将羔羊的断脐端浸入碘酒中消毒，出生第1天用碘酒喷2次脐带部位。在脐带干化脱落前，注意观察脐带变化，如有滴血，应及时结扎消毒。脐带在出生后1周左右可干缩脱落。

（2）江南地区因夏季高温、高湿，夏季出生的羔羊易出现僵羊，若羊舍有降温防暑设施，夏羔生长也无妨。绝大多数湖羊场一般都安排在秋冬季和春季产羔，且母羊常在凌晨时段分娩，而初生羔羊御寒能力极差。浙江地区曾有羊场因寒潮突袭导致出生羔羊被冻成冰棍的惨状发生。因此，要注意新生羔羊的保温，保持羊舍温度在10摄氏度以上。保温是预防羔羊腹泻、感冒，提高成活率的最简单易行的措施。

（3）早喂初乳。母羊产后1~3天之内分泌的乳汁称为初乳，初乳内除含有17%~23%的蛋白质、9%~16%的脂肪等丰富的营养物质外，还含有大量的免疫物质，是羔羊生长与健康的必需物质，具有不可替代性。此外，初乳中的镁盐具有轻泻作用，有利于羔羊排出胎粪。羔羊出生后，就有吮乳的本能要求。在羔羊出生后1小时之内，必须让羔羊吃到初乳，时间越早越好，吮乳量越多越好。吃足初乳的羔羊好养，否则麻烦不断、累坏兽医，这一点非常关键。湖羊具有代哺非亲生羔羊的优秀母性,对于一胎 3 羔以上的羔羊,可以挑选其中强壮的羔羊寄养出去,并要尽早找"奶妈"配奶,使母子确认,代哺羔羊。否则,要及时人工哺乳,保证羔羊吃奶,正常生长,以提高羔羊育成率和断奶羔羊个体重。

对于母性差的初产母羊可实施人工助奶。助奶的方法:用手轻轻地将羔羊的头慢慢推向母羊的乳房,一只手轻轻地抚摸羔羊的尾根,羔羊会不停地摇尾巴去找乳头,另一只手将母羊的乳房轻轻地挑起,送到羔羊的嘴边,羔羊就能慢慢地吃上初乳,反复几次羔羊就能自己吃母乳。助奶既有利于羔羊的成活,也有利于羔羊拱奶,刺激乳房进行放奶。母性差的后代不留种。

(4) 其他管理措施。若是留种羔羊,应在出生吃奶前进行称重,记录初生重,同时在颈部挂上编号,记录相关信息。有些规模湖羊场在羔羊出生 1 周内实施结扎断尾,从理论上讲有一定道理。但浙江地区规模湖羊场普遍不对湖羊断尾,因为湖羊是短脂尾绵羊品种,尾扁圆短小,外形优美。保留尾部也便于出售时识别湖羊品种的纯度,在销售价格上有一定增值作用。

2. 羔羊的补饲

哺乳期母羊的泌乳高峰期一般出现在产后的第 14 天,若一母带双羔,至羔羊 20 日龄前,母乳的营养供给完全可以满足羔羊的生长需要,但考虑到后期生长速度,应在 10 日龄左右开始训练吃料。在羊圈内设置羔羊补饲栏,内置悬挂于栏墙上的饲槽,简称"隔栏补饲",投入少量羔羊专用颗粒料,只让羔羊自由进出,训练其吃料能力,促进瘤胃发育。严防母羊偷食补饲料。羔羊开食后,每天应补饲专用颗粒料,实现早日断奶。

建议自制羔羊专用颗粒料配方:玉米 56%、豆粕 29%、草粉(稻草或玉米秸或花生藤等)10%、羔羊专用预混料 5%。自制羔羊专用颗粒料的常规营养指标(以原样计)为:粗蛋白含量≥18%,赖氨酸含量≥

1.1%,蛋氨酸含量≥0.6%,钙素含量为0.9%～1.1%,磷素含量≥0.5%,微量成分脂溶性维生素A、维生素D、维生素E、维生素K及B族维生素,铁、锌、锰、铜、硒、碘、钴等元素齐全、平衡。

羔羊预混料及颗粒料补饲功效:节约羔羊饲养成本;提高饲料转化效率;适口性好,提高干物质采食量,促进羔羊瘤胃早期发育,增加瘤胃容量;促进羔羊骨骼及肌肉发育、提高生长速度,实现早期断奶;降低球虫性腹泻;保护肠道正常微生物菌群,提高免疫力,减少有害毒素对肠道黏膜的刺激与损伤,促进羔羊健康发育;氨基酸、矿物质元素、维生素等营养物质平衡,有效防止羔羊异食癖的发生,提高羔羊成活率。

3. 断奶技术

羔羊适宜的断奶日龄或者是断奶体重并无统一标准,各个湖羊养殖场可根据各自的情况确定断奶日龄。一般认为羔羊长得大一些断奶较好,但这样会影响母羊的繁殖力。在传统饲养管理条件下,羔羊断奶日龄一般为60～70天,相应的断奶体重公羔在16～19千克,母羔在14～17千克,但断奶体重存在严重的个体差异,不整齐:有公羔体重14千克、母羔13千克断奶的,也有公羔体重21千克、母羔19千克断奶的。究其原因跟母羊的泌乳性能、一母带双羔或三羔、初生羔羊的健康状况以及补饲措施等因素有关。

对羔羊来讲,断奶是一个较大的刺激,为减少断奶应激,在断奶的方法上以一次性断奶为好。即将母羊牵离原羊栏、远离羔羊,让羔羊继续留在原栏1～2周,羔羊断奶不离圈、不离群,保持原来的环境和饲料,使羔羊安全度过断奶关。

断奶时,要做好称重工作,并填写断奶记录。羔羊断奶后进入育肥阶段时应按公母、大小、强弱分群饲养,供给充足的优质干草、青绿饲料、羔羊颗粒料以及清洁饮水,让羔羊自由采食,并按要求进行免疫和驱虫等工作。

(三)肥育成羊的饲养管理

对于商品肉羊场来讲,肥育是增加湖羊养殖效益的最重要措施。直观的肥育目的就是增加体重,获取更大的经济效益。肥育的内涵是增加湖羊体内的肌肉和脂肪。

浙江地区肉羊肥育的时间一般在当年的9月至来年的3月。在浙江地区,夏季是羊肉的消费淡季,羊肉的消费旺季在当年的10月至来年的3月,高峰期在元旦至春节。但是,随着羊肉产品的宣传、推广及消费观念的转变,浙江地区夏季消费烤全羊、烤羊肉串等羊肉制品的群体在不断增加,预期将来浙江地区的羊肉消费将趋于淡季不淡、旺季不旺。

湖羊的肥育方法可分为强度肥育和阶段性肥育。强度肥育是指羔羊断奶后即给予较高的精料,促进其快速生长,直至公羊7月龄、体重达到50千克以上的饲养方法。阶段性肥育是指育成的架子羊、高龄淘汰羊经1~2个月的高精料饲养,实现短期快速增膘的饲养方法。

湖羊肥育所需要的营养可参考国标《肉羊饲养标准》(NY/T 816-2004)中相对应的参数。但要强调的是要注意粗饲料原料的消化能值,由于饲料原料收获季节、成熟度等因素的影响,在设计肥育日粮配方时,往往会高估粗饲料原料的消化能值,因此,要注意对粗饲料原料消化能的正确评估。粗饲料的消化能是影响肥育日粮预期目标的主要因素。

适宜的肥育日粮精粗比。建议肥育日粮以粗饲料60%、精饲料40%为宜,如果将日粮调制成颗粒饲料可获得更快的肥育效果。由于湖羊养殖技术相对落后,配套供给不齐全,有些湖羊养殖户利用猪、禽用颗粒料进行肥育,尤其是阶段肥育中大量饲用猪、禽用颗粒料,把羊当做猪养,尽管可获得惊人的肥育效果,若操作不当,可能得不偿失,并影响羊肉的品质和风味。如羊肉黄脂症,其直接原因可能与日粮中铜含量严重超标有关。从传统的羊肉风味来讲,随着日粮精饲料的增加,其风味可能会随之下降。因此,适宜的肥育日粮精粗比值得深入探索。

适宜的肥育速度。即不同的日增重将产生不同的经济效益。一般来讲,湖羊日增重越高,单位增重饲料成本越低、养殖效益越好。如25千克体重的肥育羊日增重100克,日饲喂花生藤(1元/千克)0.6千克、喷浆玉米纤维(0.9元/千克)0.4千克、豆粕(3.3元/千克)50克、预混料(3.5元/千克)25克,日饲料成本1.213元,每千克增重饲料成本12.13元。若肥育羊日增重200克,日饲喂花生藤0.6千克、喷浆玉米纤维0.4千克、玉米(2.4元/千克)50克、豆粕180克、预混料25克,日饲料成本1.672元,每千克增重饲料成本8.36元。肥育羊日增重300克,日饲料成本2.179元,每千克增重饲料成本7.26元。粗略地看,随着日增重的提高,每日的饲料成本也大幅上升,因此,常被误解成"不合算"。从效益及湖羊健康等方面综合考虑,湖羊适宜的肥育日增重以200~300克较好。因为更高的肥育日增重需增加日粮中的精料比例,对湖羊瘤胃健康产生负面影响,同时也可能影响羊肉的风味。

关于肥育公羊的尿道结石。在公羊的肥育过程中会有个体偶发尿道结石,一旦发病,基本无药可救,造成羊场的损失。公羊尿道结石有公羊泌尿道结构的原因,而更大的原因是日粮,如日粮中钙、磷、镁、钾、钠元素过高、霉变饲料等。预防公羊尿道结石的办法是在日粮中添加饲料级氯化铵,添加量为日粮干物质的1%或总日粮的0.5%。日粮中的盐可以少加或不加,不添加小苏打。在日粮中添加适量氯化铵可以提高饲料转化效率,获得较好的经济效益。

关于肥育羊日粮中饲用舔砖和复合预混合饲料。实际上舔砖也是一种复合预混合饲料,只是产品形式和饲用方法有别于一般复合预混合饲料。在湖羊养殖中饲用舔砖,操作简单,有效。吴阿团等人进行了复合矿物质舔砖对未断奶湖羔羊以及断奶湖羔羊生长性能的影响试验,结果表明,未断奶羔羊对照组日均增重为153.45克,试验组日均增重175.09克,试验组日均增重比对照组显著提高了14.10个百分点;断奶羔羊对照组日均增重206克,试验组日均增重218.89克,试验组比对照组提高 6.26 个百分点,差异不显著。可见复合矿物质舔砖对哺乳期湖羔羊有显著作用,确切地说,是对母羊和羔羊有共同效果。从精细化管理来讲,养殖业者应明确日粮中缺什么、需要补什么,舔砖中有效营养成分含量以及湖羊的实际舔食量,以便更好地发挥舔砖的饲用效果。

复合预混合饲料是畜禽养殖中补充日粮营养成分的一种常用饲料。根据湖羊高效养殖的营养需要,将微量矿物质元素、维生素、钙、磷、盐以及瘤胃发酵调控剂进行优化配制,用高精度混合机械加工成湖羊专用复合预混合饲料,便于湖羊养殖企业配制营养均衡的日粮。一般而论,复合预混合饲料的营养成分更齐全、成分有效性更稳定,应用效果更佳。汤志宏等人以稻草颗粒料为基础,比较补饲舔砖与饲喂复合预混料日粮对湖羊生产性能的影响。试验选用体重 20 千克左右的公湖羊 30 只,按体重配对分为对照组和试验组,对照组补饲舔砖,试验组饲喂含复合预混料日粮,预试期 7 天,正试期 45 天。结果显示,试验组日增重比对照组高 29.77 克;每千克增重耗料和日粮成本分别降低 0.92 千克和 3.46 元;试验组湖羊血清尿素氮浓度、谷草转氨酶活性分别极显著和显著低于对照组。结果表明,以稻草颗粒料日粮为基础,生长湖羊饲喂复合预混料的养殖效果优于补饲舔砖。

生产"雪花"肥羔羊肉技术。"雪花"肥羔羊肉是指羊肉肌肉纤维之间分布十分明显的脂肪组织,使肌肉切面呈清晰的红白相间的花纹,脂肪所占的面积达到 30% 以上,这种纹理酷似大理石,故通常也称它为"大理石状"。肥羔羊肉在欧洲国家羊肉消费中属高档次畜产品,深受消费者青睐。随着我国经济发展及消费者观念的更新,将来肥羔羊肉必定拥有较大的高端消费群体。

肥羔羊肉生产一般要求羔羊生长阶段在 6 月龄前达到商品规格。湖羊属早熟品种,其最佳脂肪沉积期在 5 月龄,是生产肥羔羊肉的最佳肉用绵羊品种,与其他肉用绵羊品种相比,具有无与伦比的优势。但肥羔羊肉生产必须了解消费市场,在确定可靠销路后,以销定产。

要获得"雪花"状优良而又嫩的羊肉,必须对羔羊进行强度肥育,4月龄以后在不影响育肥羔羊正常消化的基础上尽量提高日粮的能量水平,同时确保蛋白质、矿物质、微量元素和维生素的均衡供给。为了提高"雪花"雪白的视觉效果,还需注意草料的选择,如少喂或不喂含花青素、叶黄素、胡萝卜素多的饲料。日粮供给的形式为全价颗粒料,羔羊各生长阶段日粮颗粒料配方见表4,仅供参考。

表4 羔羊各生长阶段日粮颗粒料配方

体重(千克) 原料(%)	小于20	20～30	30～40	40～50
花生藤	10.0			
稻草		58.0	55.0	50.0
小麦		20.2		
玉米	56.0		26.2	38.2
豆粕	29.0	20.0	17.0	10.0
石粉		0.4	0.4	0.4
磷酸氢钙		0.5	0.5	0.5
盐		0.6	0.6	0.6
羔羊专用预混料	5.0			
微量成分预混料		0.3	0.3	0.3

肥育羊的日常管理。育肥前,对淘汰的高龄公羊可以考虑进行去势,但生长期公羔羊不应去势,否则影响其生长速度,降低养殖效益。羊群按年龄、性别、体况分群并进行驱虫,对高龄湖羊应注意修蹄。

进入夏季前,对所有生产阶段(哺乳期羔羊除外)的湖羊进行剪毛,有利于提高湖羊的生产性能。

七、杜泊羊和湖羊杂交技术

（一）杜泊羊简介

杜泊羊原产地南非，由有角陶赛特羊和波斯黑头羊杂交育成，分为白头（如图27所示）和黑头两种，主要用于羊肉生产，能有效地满足羊肉生产各方面的要求。该品种适应性强、早期生长发育快、胴体质量好。引入我国后，均能适应北方寒冷、南方湿热高温环境。其特点表现为：①全年发情。在良好的管理下可达2年3胎，与湖羊的繁殖特性相匹配，实现无缝对接。②行走能力强，对饲草无选择。杜泊羊适合于放牧和舍饲，舍饲时可饲喂其他品种羊较难利用的各种秸秆，饲草利用率高，耐粗饲。③抗逆性好。能适应广泛的气候条件和放牧条件。④增重快，胴体品质好。母羊产乳量高，羔羊成活率高，增重明显。⑤板皮质量好。板皮较厚，气候温暖时被毛会自动脱落，能够经受非常恶劣的气候条件。杜泊羊的优异肉用性状已被广泛认可，成为我国南北各地肉羊生产的主要品种。

图27 白头杜泊羊

杜泊羊与湖羊在种质特性上既有共性也各具特点，将杜泊羊作父本、湖羊作母本进行杂交组合生产肥羔羊肉,其杂交羔羊(如图 28 所示)5 月龄胴体品质从形状和脂肪颜色及分布看均达到优秀的标准,且脂肪熔点低,肉质鲜嫩,已被广大肉羊养殖者评价为"黄金搭档"。各地也进行了大量相关研究。

图 28　杜泊羊与湖羊杂交的羔羊

黄华榕等人报道了杜泊羊与湖羊的杂交效果。杜湖杂交一代羔羊体型外貌更趋向父本杜泊羊,呈桶状,背宽、胸深、颈部粗短。尾部细长、小而轻薄。杜湖杂交一代羔羊被毛以白色为主。在生长性能上,杜湖杂交一代羔羊的各项体尺性状、屠宰性状指标均显著高于湖羊。杜湖杂交一代羔羊性成熟比湖羊晚,母羊初配体重 46 千克,初配月龄 8～9 月龄;湖羊的产羔率为 262%,杜湖杂交一代母羊的产羔率为 215%。杜湖杂交一代母羊产羔率虽低于纯种湖羊,但仍然保持了较好的多胎性能。杜泊羊是南方适应性较好的引入肉用品种,湖羊是生长于南方地区具高繁殖力的优异绵羊品种,杜泊羊×湖羊是理想的杂交组合,适宜南方规模化生产。

梁志峰等人用杜泊羊作父本、湖羊作母本,测定了新疆地区杜湖杂交一代羔羊的生产性能。初生羔羊的体高、胸围、体长分别提高了 50.1%、42.2% 和 29.8%;9 月龄分别提高了 34.1%、23.8% 和 32.7%。杜湖杂交一代母羊与湖羊相比较,多胎性能稳定,产羔率为

250%,略低于湖羊280%的产羔率。杜湖杂交一代周岁公羊平均日增重230克,比湖羊提高了202.6%,杜泊羊与湖羊杂交,日增重效果显著。杜湖杂交一代公羔羊屠宰率可达51%。

（二）湖羊与杜泊羊杂交的肉用性状比较

周卫东等人研究了湖羊和杜湖羊杂交对肉用性状的影响。结果表明,杜湖杂交羊的胴体重极显著高于湖羊,由于屠宰率、净肉率基本一致,杜湖杂交羊个体的产肉量要显著高于湖羊,眼肌面积以及后腿重也体现了杜湖杂交羊的产肉优势;从肉质性状分析,杜湖杂交羊的肉色评分显著高于湖羊,外观更鲜红些,而湖羊肉样pH显著低于杜湖杂交羊;在大理石纹及失水率方面,湖羊与杜湖杂交羊无差异。湖羊与杜湖杂交羊屠宰性状比较见表5。

表5　湖羊与杜湖杂交羊屠宰性状比较

性状指标	湖羊	杜湖杂交羊	性状指标	湖羊	杜湖杂交羊
胴体重(千克)	18.0±0.89	22.7±1.36	后腿重(千克)	3.22±0.11	4.10±0.29
屠宰率(%)	55.5±0.53	54.1±0.64	后腿比例(%)	18.0±0.99	18.3±1.97
净肉率(%)	45.2±0.42	45.4±0.84	肉色评分	3.13±0.13	3.75±0.14
肉骨比	4.53±0.33	5.36±0.11	大理石纹	19.1±0.14	19.1±0.13
眼肌面积(平方厘米)	14.2±1.44	17.7±1.60	肉样pH	6.08±0.05	6.13±0.06
内脏脂肪(千克)	0.91±0.39	1.15±0.18	失水率(%)	3.00	3.00

林昌俊等人比较了湖羊与杜湖杂交一代羊的肌肉脂肪酸的组成。结果表明,湖羊背部最长肌花生四烯酸含量极显著低于杜湖杂交一代羊。花生四烯酸在保护皮肤、降低胆固醇、抑制血小板聚集、提高免疫能力、促进胎儿发育等方面具有独特生物活性。从这一点来讲,杜湖杂交一代羊羊肉品质优于湖羊。

八、湖羊的疾病预防

在浙江民间,湖羊以传统模式进行饲养几乎无疾病发生,在粗饲、简陋的羊舍内展现了强大的生命力。许多从业者觉得湖羊耐粗、好养,不断扩大养殖规模,但饲养方式仍停留于传统模式,有什么吃什么,不注重湖羊日粮营养的优化配制,导致湖羊疾病日渐呈现。目前规模湖羊养殖场出现的疾病大多与饲养方式密切相关。随着国内肉羊市场流通趋于频繁,规模化湖羊养殖由于饲养相对集中、密度大,疾病的潜在威胁也日趋严峻,其风险逐渐大于市场风险。疾病一旦发生,传染性极高,造成的损失也巨大。因此,发展规模化湖羊养殖,必须加强饲养管理,坚决遵循"预防为主、防重于治"的管理原则。

(一)合理布局,确保羊场环境整洁

综合防疫应从羊场选址、建设抓起。规模羊场选址必须有利于防疫,并以标准化为目标进行建设,对羊场内的管理区、生活区、生产区、饲料贮存加工区、病羊隔离治疗区、羊粪收存区等各功能区域进行合理布局,分块清晰,井然有序,避免交叉污染。每天清扫羊舍、场内通道等区域。定期消毒羊舍内墙壁、羊床、设施、用具,正常情况时每周消毒1次,周边或本场有疫情时每天消毒1次;可用聚维酮碘溶液或百毒杀溶液交替(或隔月更换)使用,喷雾消毒。聚维酮碘杀菌谱广,对细菌、真菌、病毒等均有杀灭作用,且杀菌效率高,对设施、设备无腐蚀性。定期开展灭虫、灭鼠、灭蝇工作,减少病原传播源,防止疫病滋生。做好防暑保温工作,保持羊舍内空气清新流通等。

（二）优化日粮营养，提高湖羊体质

针对湖羊不同生产阶段的营养需要，合理配制湖羊日粮。日粮配制需满足湖羊对蛋白质、能量、粗纤维、钙、磷、硫、镁、钠等大量矿质元素，铁、锌、锰、铜、硒、碘、钴等微量矿质元素以及维生素 A、维生素 E、维生素 D 等的需求，以确保湖羊健康生产，提高湖羊养殖效率，节约兽医成本。饲喂复合益生菌可提高饲料利用率，增强湖羊体质，减少粪污腐败发酵产生的氨气、硫化氢等有害气体。同时应提倡动物福利，加强饲养管理，减少各种应激反应，提高机体抵抗力，如饲喂全混合日粮，不喂霉变、有毒、有害饲料。

（三）执行严格的检疫制度

规模湖羊场应提倡自繁自养，尽量不从外场引入湖羊。若要从外地引入湖羊，则必须要来自非疫区，并有动物检疫合格证。引入的湖羊应先进行隔离饲养，隔离时间一般在 15～45 天，经再次严格检疫、确认健康后才能进入生产圈舍。出售湖羊同样需要执行严格检疫。禁止人员随意进入羊场，特别是严禁不同区域的湖羊场员工进入。杜绝羊贩进入生产区和隔离区。

（四）有计划地进行免疫接种

根据当地湖羊传染病的流行情况和流行特点，结合湖羊养殖场抗体监测结果和不同疫苗特性，应合理制订适合于本场湖羊的免疫计划，包括疫苗的类型、接种途径、顺序、时间、次数、方法、时间间隔等规程和次序，再进行免疫接种。

（五）定期驱虫

寄生虫感染不仅会影响湖羊的生产性能，还会使其抵抗力下降，从而导致其他疾病的发生。因此,规模湖羊场应定期驱虫,驱虫时间需依据本地羊寄生虫流行情况而定,以提高防治的针对性。一般情况下,可选择每年的3月、6月、9月、12月,尤其是3月和9月各进行一次全群驱虫,但妊娠后期母羊可以不驱虫。肉羊肥育前驱虫,可显著提高肥育效果。体外寄生虫可选用伊维菌素、阿维菌素、双甲脒等驱虫药,体内寄生虫则使用丙硫苯咪唑、左旋咪唑、吡喹酮等。

(六)勤巡视,仔细观察羊群

每日早晚巡视羊群,细心观察羊群采食和健康状况,及时掌握羊群的细微变化。当发现采食、精神或行为异常的湖羊或病羊时,应立即隔离、观察、治疗,早发现、早治疗,减少不必要的损失。

参考文献

[1] 赵有璋.中国养羊学[M].北京:中国农业出版社,2013.12.
[2] 荣威恒,张子军.中国肉用羊[M].北京:中国农业出版社,2014.12.
[3] 中华人民共和国农业部《肉羊饲养标准》NY/T816-2004,2004.09.
[4] 郭海明,黄文明,叶均安.芦笋茎叶青贮日粮对湖羊生长性能、瘤胃发酵参数和血液指标的影响[J].中国畜牧杂志,2017,(06):70-74.
[5] 张勇,夏天婵,叶均安,等.体外产气法评价油菜秆与玉米、豆粕的组合效应[J].草业学报,2016,25(11):185-191.
[6] 柴君秀,李颖康.平衡日粮饲养管理技术对肉用绵羊热应激的影响试验[J].畜牧与饲料科学,2014,35(10):17.
[7] 林嘉,俞坚群,李建芬.不同处理的全混合日粮对幼龄湖羊的饲喂效果[J].中国畜牧杂志,2001,37(6):36-38.
[8] 马春萍.TMR饲养技术在中国美利奴后备公羊饲喂中的应用[J].新疆农垦科技,2012(7):33-34.
[9] 史清河,韩友文.尿素精料和碱化秸秆在幼羊全混合日粮中的应用效果[J].中国畜牧杂志,1999,35(5):9-11.
[10] 杨文博,李永刚,何其宏.TMR技术在养羊生产中的应用[J].中国草食动物科学,2011,31(1):78-80.
[11] 邱玉郎,罗斌,于维.发酵全混合日粮对肉羊生长性能与血液生化

指标的影响[J].饲料研究,2013(12):46-48.
[12] 吴阿团,裴兰顺,贺丽娜.复合矿物质舔砖对湖羊羔羊生长性能的影响试验[J].浙江畜牧兽医,2011,36(2):22-23.
[13] 黄华榕,刘桂琼,姜勋平.杜泊羊与湖羊的杂交效果[J].中国草食动物科学,2014(S1):160-162.
[14] 梁志峰,辛彩霞,嵇道仿.杜泊绵羊和湖羊杂交一代的生产性能研究[J].新疆农垦科技,2007,(5):38-39.
[15] 周卫东,姜俊芳,宋雪梅.湖羊和杜湖杂交一代羊肉用性能比较研究[J].黑龙江畜牧兽医,2010(4):61-62.
[16] 林昌俊,姜俊芳,宋雪梅.湖羊与杜泊×湖羊 F_1 代羊肌肉脂肪酸组成的比较[J].畜牧与兽医,2014,46(4):58-61.